스펙터큘러헤어

Spectacular HAIR

A Step-by-Step Guide to 46 Gorgeous Styles

By

Eric Mayost

강영숙 · 유유정 · 최연희 옮김

STERLING
New York / London
www.sterlingpublishing.com

도서출판예림
www.yelimbook.com

SPECTACULAR HAIR : SPECTACULAR HAIR (ISBN-13: 978-14-02768-98-9)
by Eric Mayost and Penn Publishing Ltd.

This Korean edition was published by Yelim in 2011 by arrangement with Sterling Publishing Co., Inc., New York through KCC(Korea Copyright Center Inc.), Seoul.

스펙터큘러 헤어 SPECTACULAR HAIR

2011년 2월 15일 초판인쇄
2011년 2월 25일 초판발행

옮 긴 이 강영숙, 유유정, 최연희

발 행 인 석 종 환

발 행 처 **도서출판 예림**

주 소 서울특별시 성북구 안암동4가 28-1 경호빌딩 505호

전 화 02-921-6045~6 **팩 스** 02-921-4524

E-mail:yaelim21c@hanmail.net

http://www.yelimbook.com

등 록 2000년 5월 15일

등록번호 제 1-2685

ISBN 978-89-6475-014-8

정 가 33,000원

■ 잘못된 책은 교환해 드립니다.

CONTENTS

Introduction

소 개

누구든지 예쁜 머리로 주목 받고 싶어 할 것이다. 하지만 특별하게 보이고 싶을 때마다 매번 미용실에 가는 것은 돈이 많이 드는 것은 물론이고 시간까지 낭비하게 만든다. 스타일리스트 스케줄에 맞춰 당신의 하루 계획을 다시 짜는 대신 스스로 머리 손질하는 방법을 배워보는 것은 어떨까? 돈과 시간을 절약할 수 있을 뿐 아니라 당신만의 멋진 헤어스타일을 연출할 수 있다는 것에 대해 짜릿함까지 느낄 수 있을 것이다.

Spectacular Hair

여러분은 「Spectacular Hair」에서 어떤 행사에든 다 잘 어울리는 완벽한 스타일을 찾을 수 있을 것이다. 파티에 갈 때, 영화를 보러 갈 때, 결혼식에 갈 때 또는 로맨틱한 산책을 할 때, 저녁 댄스파티에 갈 때 혹은 유명한 클럽에 갈 때 등 이러한 모든 행사에 적절한 헤어스타일을 발견할 수 있을 것이다. 이 책은 각 헤어스타일의 샘플, 단계별 설명 및 많은 사진들을 제공하고 있다. 따라서 미용실에서만 할 수 있을 것 같았던 헤어스타일을 집에서도 편안하게 연출할 수 있다. 만약 몇몇 스타일이 혼자 하기에 너무 벅차다면 친구를 초대해서 서로의 헤어스타일을 연출 해 주는 것도 좋은 방법이 될 수 있다. 당신만의 멋진 헤어스타일로 다른 사람들에게 영감을 주는 이가 되어보자.

작가 소개

Eric Mayost는 19세 때부터 헤어스타일을 연출하기 시작했으며 여러 나라의 유명한 헤어 디자이너들과 일했다. 그는 헤어스타일 외에도 예술과 그래픽 디자인을 공부했다. 또 세계적으로 유명한 잡지 커버의 헤어스타일을 디자인하기도 했으며 수많은 스타들의 화려한 헤어스타일을 연출해주며 더욱 유명해졌다. Eric은 이 책에서 유용한 도구와 테크닉을 소개하고 더불어 그의 경험을 독자들과 공유하고자 한다.

Eric Mayost

Eric은 헤어스타일 관련 웹사이트 "do-it-yourself"(solostyling.com)의 창시자 중 한 명이며 2002년부터 성공적으로 미용실을 운영하고 있다. 그를 포함한 스태프들 역시 헤어스타일 패션에 있어서 탁월한 감각을 유감없이 발휘하고 있다.

Foreword

머리말

누구나 멋진 스타일을 원한다. 그러나 멋진 헤어스타일을 만들기 위해서는 많은 비용과 시간이 소요된다. 게다가 혼자서 멋진 헤어스타일을 연출하기란 여간 어려운 일이 아니다. 심지어 어울리는 헤어스타일을 찾는 것도 결코 쉽지 않은 일이다.

「Spectacular Hair」는 그러한 고민들을 해소시켜 줄 최적의 참고 도서이다. 이 책에는 파티, 데이트, 결혼식 등 어떤 행사나 장소에도 어울릴만한 아름답고 개성 넘치는 헤어스타일들이 고화질의 컬러 사진과 함께 다양하게 제시되어 있다. 또한, 다양한 특징을 가진(인종, 머리색, 피부색등) 모델들로 인해 자신에게 잘 어울리는 스타일 찾기가 더욱 쉽고, 스타일링 방법까지 각각 사진과 함께 단계적으로 설명되어 있어서 누구나 미용실에 가지 않고도 멋진 스타일을 연출할 수 있다.

세계적인 헤어 디자이너 Eric Mayost의 Spectacular Hair를 소개합니다.

이 책의 저자 Eric Mayost는 유명 잡지 커버와 수많은 스타들의 헤어스타일리스트를 역임해온 세계적인 헤어스타일리스트이다. 그는 이 책에서 유용한 도구와 자신만의 기술과 노하우를 소개하고 있으며, 창의적이고 개성 있는 헤어스타일들이 그의 손으로 완벽하게 연출되어 있다.

이 멋진 책을 한국에 소개하게 되어 기쁘다. 많은 사람들이 이 책을 통해서 멋진 헤어스타일을 발견하길 바란다. 또한, 이 책이 많은 미용인들에게 참신한 영감을 불어넣어 줄 것이라고 생각하고, 이 책을 계기로 미용인들이 더욱 더 발전할 것이라 기대해 본다.

2011년 2월

저자 일동

Profile

저자 약력

강영숙 대구한의대학교 보건대학원 보건학박사 졸업
미용장 국가기술자격증
이용장 국가기술자격증
07, 08년 경북 지방기능경기대회 심사장
한국미용학회이사
제44, 45회 전국 기능경기대회 심사
현) 대구·경북 보건협회이사
현) 대한민국 이용장 중앙회 총무이사
현) 대구보건대학 뷰티코디네이션과 학과장

유유정 영국 VIDAL SASSON 수료
영국 TONI & CUY 수료, WELLA STUDIO 수료
인제대학교 보건대학원 박사 졸업
현) 성결대학교 뷰티디자인학부 교수

최연희 성신여자대학교 미술학과 졸업
대구한의대 보건학 석·박사 졸업
한국미용학회 기획위원
한국미용과학회 편집의원
전) 김천과학대학 피부미용계열 조교수
현) 오산대학 헤어아트과 교수

필요 도구와 팁

Essential Supplies and Tips

여러분이 원하는 아름다운 헤어스타일을 연출하기 위해서는 몇 가지 기본 도구가 반드시 필요하다. 아마도 그 중 몇 개는 이미 가지고 있을지도 모른다. 만약 없다면 미용실이나 미용 재료 상점, 백화점에서 구입할 수 있으며 온라인에서도 다양한 종류의 도구를 구입할 수 있다.

드라이어 (Blow dryer)
머리를 손질하기 전, 보통 머리를 먼저 샴푸한 후 말린다. 머리를 손질하는 대부분의 과정에서도 드라이어를 필요로 한다.

보비 핀 (Bobby pins)
이 작은 핀들은 머리를 고정시킬 때 사용된다. 보비 핀은 작은 철사를 구부려 만든 것으로 한쪽은 쭉 펴져 있고 다른 한쪽은 꼬여져 있는 모양이다.

클립 (Clips)
금속 또는 플라스틱으로 만들어진 다양한 크기의 클립은 머리 한 부분을 스타일링 하는 동안 다른 부분을 고정시킬 때 사용한다.

헤어 아이론 고데기 (Crimping iron)
이 도구는 머리에 펌 모양을 낼 때 사용한다.

고데기 (Curling iron)
이 고데기는 컬을 만들 때 반드시 필요한 도구이다. 이 고데기 사이즈는 다양하므로 원하는 컬에 맞춰 사용하면 된다.

디퓨저 (Diffuser)
곱슬머리를 풍성하게 강조하고 싶을 때 사용한다.

고무줄(Elastic bands)
포니테일과 땋은 머리를 묶을 때 사용한다. 고무줄은 부드러운 것을 선택해 머리가 엉키지 않도록 한다. 또한, 머리에 가려져 잘 보이지 않도록 튀지 않는 색을 선택한다.

헤어 액세서리(Hair accessories)
머리끈, 리본, 보석 등 다양한 액세서리는 머리를 장식하거나 머리 손질을 마무리 할 때 많이 사용된다.

붙임 머리(Hair extensions)
자연 또는 인조 모발로 만든 붙임 머리는 머리에 볼륨을 넣거나 길이를 길게 하고 싶을 때 사용된다. 붙임 머리는 긴 머리, 짧은 머리, 생머리, 곱슬머리, 땋은 머리, 묶이지 않는 머리 등 그 종류가 매우 다양하다. 본래의 모발 색깔과 어울리는 색을 사용해야하며 오래 두고 재사용할 수 있는 것을 선택하도록 한다.

머리 망(Hairnets)
붙임 머리와 자연 모발을 하나로 합칠 때 사용된다.

홀딩 스프레이(Holding spray)
머리를 손질하는 동안 또는 마무리 단계에서 머리 모양을 고정시킬 때 사용된다. 이 스프레이는 머리를 지나치게 뻣뻣하게 하지 않으면서도 머리 모양이 흐트러지지 않도록 잘 잡아준다.

모발 수분 크림(Moisturizing cream)
곱슬머리 또는 생머리에 컬을 낼 때 컬이 건조해지지 않도록 해준다.

왁스(Molding wax)
왁스는 건조한 머리를 촉촉하게 해줄 때 사용된다. 또한 머리를 손질할 때 모양이 흐트러지지 않도록 잘 고정시켜주기도 한다.

라운드 브러시(Round brush)
래디얼 브러시로도 알려진 이 브러시는 머리를 말릴 때 또는 볼륨을 넣을 때 사용된다.

스펀지(Sponge)
스펀지는 머리 모양을 만들 때 또는 볼륨을 넣을 때 사용된다. 머리 색깔과 같은 색을 사용하여 머리 안 또는 붙임 머리 안으로 집어넣었을 때 보이지 않도록 한다. 스펀지를 만들고 싶다면 붙임 머리를 투명한 머리 망에 넣고 원하는 모양대로 만들면 된다. 스펀지는 반복해서 사용할 수 있으므로 잘 보관하도록 한다.

스타일링 크림(Styling cream)
건조한 머리를 부드럽게 할 때 바른다. 특히 머리를 말릴 때 드라이어 열로 모발이 손상 될 수 있으므로 사용하도록 한다.

스타일링 젤(Styling gel)
건조한 머리를 촉촉하게 해주며 머리 모양을 잘 고정시켜 준다

꼬리빗 (Tail comb)
한쪽은 빗이며 다른 한쪽은 길고 뾰족하게 되어 있다. 빗은 머리를 거꾸로 빗을 때 사용하며 뾰족한 면은 머리를 부분적으로 나눌 때 사용한다.

넓은 참빗(Wide-tooth comb)
머리를 나누어 가를 때 사용한다.

SLALOM TWIST

1

SLALOM TWIST
회전 트위스트

이 스타일은
펑키와 위트가 섞여 있다.
크고 작은 고리가 사방으로 뻗쳐 있어
잘 정돈되어 보이면서도
동시에 흐트러진 느낌을 준다.

1 머리를 샴푸후 말린다. 앞머리는 따로 빼둔 채 나머지 머리만 모아서 높게 포니테일을 만든다.

2 고무줄로 포니테일을 묶고 앞머리는 클립으로 고정시킨다.

3 포니테일로 묶은 머리 중 2.5cm 정도를 따로 빼서 중간크기의 고데기으로 말아준다.

4 머리가 잘 말아질 때까지 고데기로 잡아주고 스프레이를 뿌려 고정시킨다.

5 나머지 머리를 몇 부분으로 나눠 같은 과정을 반복 한다.

6 말은 머리 하나를 잘 빗어 준 다음 꼬아서 작은 고리를 만든다. 고리를 만들어 묶은 자리 근처에 보비 핀으로 고정시킨다.

7 다른 한 가닥도 잘 빗어주고 꼬아서 고리를 만들되 첫 번째로 만든 고리를 감싸도록 하고 보비 핀으로 고정시킨다.

8 같은 방식으로 다른 컬들도 꼬아 올려주되 다양한 크기로 만들고 각기 다른 방향을 향하도록 한다.

9 머리 몇 가닥을 잡아 처음 말아 올린 머리 위에 고정시켜 더 높게 만들어 준다.

10 말아 올려 정렬된 머리들이 비대칭이 되도록 잘 손질하여 모든 각도에서 다르게 보일 수 있도록 한다.

11 머리 모양이 어느 정도 잡히면 보비 핀으로 고정시키고 스프레이를 뿌려 고정시킨다.

12 앞머리는 거꾸로 빗어준 후 앞쪽으로 느슨하게 올려준다. 올린 앞머리는 클립으로 잠시 고정시켜 놓는다.

13 앞머리의 끝부분을 말아 올린 머릿속으로 집어넣는다.

14 남은 보비 핀으로 머리 모양을 고정시키고 필요하면 스프레이를 더 뿌리도록 한다.

FUNKY FORMAL UPDO

2

FUNKY FORMAL UPDO
펑키한 업스타일

이 스타일은
긴 붙임 머리를 이용하여
자연 모발에 웨이브를 넣어 준 것으로
극적인 스타일에 속한다.
앞 뒤 스타일이 모두 아름다워
주목을 받을 수 있다.

1 머리를 샴푸후 말린다. 귀 위로 머리 몇 가닥을 잡고 거꾸로 빗어준다.

2 손가락을 사용하여 위로 돌돌 말아준다.

3 머리 뿌리까지 말아서 목덜미 쪽에 붙여 가느다란 보비 핀으로 고정시킨다.

4 말아 올린 머리가 볼륨감을 유지할 수 있도록 느슨하게 해준다. 머리를 정수리 부분 위까지 포물선 모양으로 몇 개 더 말아 올려 준다.

5 말아 올릴 때는 머리를 거꾸로 빗어주고 크기는 각각 다르게 해주어 비대칭의 모양이 되도록 한다. 또 볼륨이 살아있도록 해준다.

6 말아 올린 각각의 머리는 롤이 시작되는 부분을 보비 핀으로 고정시킨다.

7 머리 반대 방향에 닿을 때까지 같은 과정을 반복한다.

8 머리를 말아 올리기 전 끝에서 뿌리 쪽으로 빗어주어 볼륨감이 최대한 살도록 한다.

9 머리를 말아 올릴 때에는 손가락을 부드럽게 사용하여 말아 준다.

10 머리를 느슨하게 말아 주면 캐주얼해 보이는 효과가 있다.

11 앞머리를 잡아 고정시키거나 이마 옆으로 늘어뜨려 흘러내리도록 한다.

12 남은 머리는 정수리 쪽으로 말아준 후 고정시킨다.

13 목 뒤에 남은 머리는 거꾸로 빗어준 후 위로 돌돌 말아 목이 보이도록 한다.

14 원하는 대로 머리 손질을 마무리 하고 스프레이를 뿌려준다.

FREESTYLE CRIMP

3

FREESTYLE CRIMP
프리스타일 (곱슬머리)

1 머리를 샴푸후 무스를 먼저 발라주고 말린다. 머리의 1.5cm 정도를 잡고 머리 뿌리부터 헤어 아이론 고데기으로 아이론 컬을 만든다. 컬이 잘 나오게 하려면 고데기로 5초정도 잡아준다.

2 뒷머리를 먼저하고 머리 아래에서 위쪽 방향으로 손질해준다.

3 아이론 컬을 낼 때에는 머리 뿌리부터 먼저 해주고 나서 머리 끝부분을 해준다.

이 프리스타일은
원하는 만큼 와일드하게
연출 할 수 있다.
헤어아이론 고데기를 사용하면
볼륨감이 매우 풍성하게 형성된다.

4 머리의 아랫부분이 완성되면 계속해서 머리 윗부분을 손질한다.

5 마찬가지로 머리 뿌리부터 시작해 머리 끝부분으로 손질해 나간다.

6 나머지 머리도 같은 과정으로 반복해 준다.

7 손가락으로 컬 사이사이를 갈라준다.

8 손가락으로 머리 전체를 빗어주어 컬 사이가 넓어지고 풍성해지도록 한다.

9 머리 뿌리 부분을 거꾸로 빗어주어 볼륨을 넣어준다.

10 남은 다른 머리 부분도 동일하게 해 준다.

11 머리 뿌리 쪽만 거꾸로 빗어 컬이 풀어지지 않도록 조심해야 한다.

12 앞머리는 느슨하게 머리 뒤로 넘긴 뒤 보비 핀으로 고정시킨다.

CINNAMON SIDE TWIST

4

CINNAMON SIDE TWIST
시나몬 사이드 트위스트

1 머리를 샴푸후 말린다. 귀 앞에서 정수리 윗부분까지 이어지는 머리 부분은 남겨 놓는다. 남겨 놓은 머리 뒤로 중간부분의 머리를 잡아 거꾸로 빗어준다.

2 머리 중간부터 약 7.5cm 너비정도로 모발을 나누어 잡고 거꾸로 빗어준 다음 목덜미 아래 쪽 머리도 같은 넓이로 나누어 거꾸로 빗어준다.

3 거꾸로 빗고 나서 다음 부분으로 넘어가기 전에 스프레이를 뿌려준다.

꼬아서 높게 말린 머리가
한 쪽에 위치한 스타일로서
비대칭적인 모습이 흥미롭다.
큰 헤어밴드로 스타일을 마무리 짓는다.

4 정수리 바로 아래 쪽 머리는 크게 말아 올린 뒤 보비 핀으로 고정시킨다.

5 말아 올린 부분 앞의 머리는 볼륨감이 없어지지 않도록 부드럽게 빗어 뒤로 넘겨준다.

6 말아 올린 머리를 기준으로 앞머리와 남은 뒷머리를 빗어 하나로 합쳐준다.

7 합친 머리는 보비 핀으로 머리 밑쪽에 고정시킨다.

8 합친 머리를 빗어주고 스프레이를 뿌린 뒤 머리 밑쪽으로 접어준 다음 고무줄로 묶어준다.

9 고무줄로 묶은 부분이 접힌 부분에 가려 보이지 않도록 고정시킨다.

10 합친 머리 중 한 가닥을 뽑아 머리 중간쯤에 닿도록 꼬아 올려주고 실핀으로 고정시킨다.

11 처음에 남겨놓은 앞머리는 거꾸로 빗어준다.

12 머리를 뒤로 잘 빗어 모아놓은 머리 위로 합친다. 머리를 거꾸로 빗어 줄 때 스프레이를 뿌려준다.

13 보비 핀으로 넘긴 머리를 고정시킨다.

14 헤어밴드를 씌우고 한 쪽에 꽃을 붙인다.

15 넘긴 머리는 느슨하게 안으로 집어넣은 뒤 보비 핀으로 고정시킨다.

CURLED MANE WITH BRAIDS

5

CURLED MANE WITH BRAIDS
땋은 머리를 붙인 곱슬 갈기머리

머리 앞쪽의 땋은 머리 장식은 강하게 컬이 들어간 뒷부분의 머리와 잘 조화되어 눈부신 모습을 자아낸다. 이 콤비는 환상적이다.

1 머리를 샴푸후 말린다. 정수리 부분의 머리를 거꾸로 빗어준다.

2 다른 부분의 머리카락도 풍성하게 보이도록 모두 거꾸로 빗어준다.

3 머리 한 옆면을 잘 빗어주되 귀 뒤쪽에서 머리 앞쪽의 머리를 정수리 부분을 향하여 잘 빗어준다.

4 컬이 없어지지 않도록 머리 뿌리만 빗도록 한다.

5 빗은 머리를 부드럽게 꼬아준 다음 보비 핀으로 고정시킨 후 스프레이를 뿌려준다.

6 반대 방향도 이와 같은 방식으로 손질한다.

7 컬이 손상된 부분이 있으면 고데기로 다시 컬을 살려준다.

8 고데기로 컬을 낼 때는 원래 머리카락보다 더 부드럽고 둥글게 말아준다.

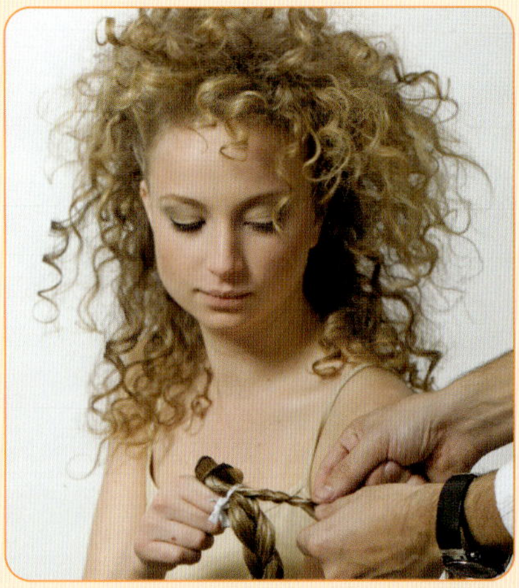

9 머리카락과 어울리는 긴 붙임 머리를 선택하고 반으로 접는다. 나눈 반을 각 세 부분으로 나누어 땋은 머리를 두 개 만든 후 끝은 고무줄로 고정시킨다.

10 땋은 붙임 머리를 붙일 때 한쪽 귀 위에 고정시키되 원래 꼬아서 고정시켜놓은 머리 위에 보비 핀을 사용하여 붙인다.

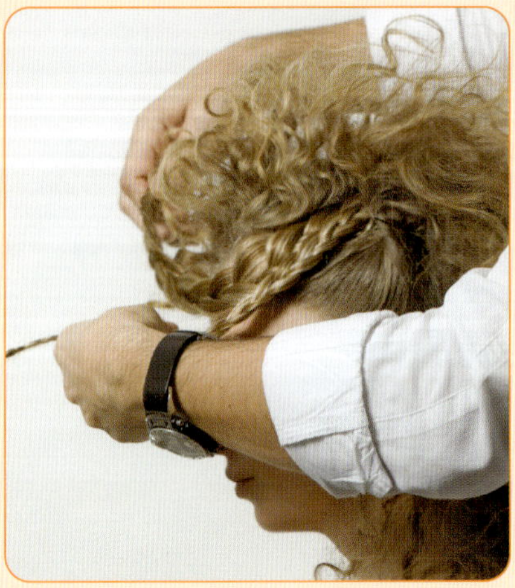

11 땋은 붙임 머리는 이마를 지나 다른 귀로 넘긴다.

12 마찬가지로 미리 꼬아서 고정시켜 놓은 머리 위에 붙인다.

13 풍성하게 컬을 넣은 머리와 잘 어울리도록 이마 위의 땋은 머리를 가지런히 정렬시킨다.

14 땋은 붙임 머리를 고정시킬 때는 앞서 사용한 보비 핀과 같은 핀으로 고정시킨다.

15 모든 컬을 거꾸로 빗어 볼륨감을 최대로 살리고 동시에 와일드하게 보이도록 한다. 그다음 스프레이를 뿌려 고정시킨다.

CURLS OF COLOR

6

CURLS OF COLOR
컬 일부분에 색을 가미한 머리

이 스타일은 매우 화려하다.
원하는 색을 사용하거나
여러 색을 섞은 붙임 머리는
강렬한 느낌을 표현하는 데 좋다.

1 머리를 샴푸후 타월로 말리고 젤을 바른다.

2 젤을 머리 전체에 골고루 발라준 뒤 수분 크림을 발라준다.

3 수분 크림은 손에 덜어 머리 전체와 뿌리까지 동일한 양을 바를 수 있도록 한다.

4 머리 몇 가닥을 잡아 빗어준다.

5 빗어준 머리는 강한 컬이 나올 수 있도록 꼬아준다.

6 나머지 머리도 몇 가닥씩 잡아 나누어 가며 같은 과정을 반복한다.

7 디퓨저를 사용해 머리를 말려준다.

8 머리를 말릴 때는 컬 부분을 부드럽게 당겨주어 나중에 붙임 머리를 붙일 공간을 확보해 준다.

9 모든 컬이 길어지면 디퓨저 없이 다시 한 번 말려준다.

10 화려한 색의 붙임 머리를 헤어핀에 꽂은 후 컬 사이에 꼬아서 집어넣는다. 붙임머리를 말린 후 홀딩 스프레이를 뿌린다.

11 컬이 고정이 되면 붙임머리에서 헤어핀을 뺀다.

12 머리 길이와 붙임 머리길이를 비교한 후 붙임 머리를 원하는 만큼 잘라낸다.

13 보비 핀을 붙임 머리에 꽂은 후 뿌리 부분을 고정시킨다.

14 원하는 만큼의 붙임 머리를 같은 과정으로 반복하되 머리 전체에 골고루 배치시킨다. 붙임 머리 색깔은 같은 색을 사용해도 좋고, 다른 색을 사용해도 좋다.

TWIRLS WITH A TWIST

7

TWIRLS WITH A TWIST
트위스트로 말아 올린 머리

이 헤어스타일은
정면에서 봤을 때
머리를 꼬아 올린 부분이
보인다는 것이 특징이다.
뒤에서 보면
머리가 하나로 두껍게
회오리바람 모양처럼 꼬아져 있다.

1 머리를 샴푸후 말린다. 이마에서부터 정수리 부분까지 동일하게 세 부분으로 나눈다. 중간 부분의 머리는 꼬아 올려서 정수리 부분에 위치하도록 한다.

2 세 개로 나누어 놓은 부분 중 오른쪽 부분을 약 2.5cm 너비로 몇 가닥을 잡고 단단히 꼬아준다.

3 또 다시 머리 몇 가닥을 2.5cm 너비로 잡아 처음 꼬아놓은 머리와 합쳐 다시 꼬아준다.

4 나머지 부분도 계속 2.5cm 너비로 꼬아주며 먼저 꼬아놓은 머리와 같이 꼬아준다.

5 머리 한쪽 부분이 채워질 때까지 같은 과정을 반복한다.

6 귀 라인에 이르렀을 때 클립으로 잠시 고정시킨다.

7 나누어 놓은 세 부분 중 중간 부분의 머리도 똑같은 과정으로 다루어주되 이마 부분에서 2.5cm 너비로 머리를 먼저 잡고 시작한다.

8 머리를 꼬을 때는 머리를 뒤로 잡아당겨야 꼬인 상태가 단단하게 유지될 수 있다. 이 단계에서 꼬아놓은 머리는 뱀 모양이 되어야 한다.

9 귀 라인까지 다 하면 오른쪽 머리와 하나로 합쳐 또 꼬아준다.

10 왼쪽 머리도 이와 같은 방법으로 동일하게 만들어준다. 그 다음 머리 뒤, 정수리 아래에서 세 부분을 하나로 합친다.

11 각 부분의 느슨해진 머리는 중간에서 하나로 합쳐 땋아준다.

12 목덜미 부분까지 땋으면 핀으로 고정시킨다.

13 늘어진 나머지 머리는 중간 크기의 고데기로 잘 말아준다.

14 컬을 준 뒷부분의 머리 몇 가닥으로 나머지 다른 머리를 감싸준 뒤 보비 핀으로 고정시킨다. 다음 홀딩 스프레이를 뿌려 고정시켜 마무리 한다.

GENTLE SWIRLS AND FOLDS

8

GENTLE SWIRLS AND FOLDS
접어서 부드럽게 말아 올린 머리

1 머리를 샴푸후 말린다. 귀 위부터 정수리 부분까지 머리를 몇 부분으로 나눈 다음 작은 고데기로 하나하나 말아준다.

2 고데기로 잘 말아준 후 남은 머리는 목 부분에서 고무줄을 이용해 포니테일로 묶어준다.

3 포니테일에서 몇 가닥을 집어 고무줄이 보이지 않도록 감싼 뒤 보비 핀으로 고정시킨다.

이 스타일은
부드럽게 흘러내리는 앞머리가
한쪽 눈을 덮어
비대칭적인 모습을 가진다.
뒷모습은 한쪽 귀 뒤로
포니테일이 접혀 있다.

4 앞쪽에 말아 놓은 머리는 잘 빗어준다.

5 머리 앞쪽에 만들어진 컬을 하나로 모아 한쪽 방향으로 같이 빗어준다.

6 컬을 빗어준 후 머리 한쪽 뒤로 넘긴다.

7 넘긴 머리를 따라 보비 핀으로 고정시킨다. 이 때 넘긴 머리 라인이 웨이브 모양이 되도록 한다.

8 볼륨을 넣기 위해 클립 사이로 머리를 잡아 당겨준다.

9 머리가 원하는 위치에 고정되면 클립을 꽂아놓는다.

10 홀딩 스프레이를 뿌리고 고정이 되도록 10분 정도 기다린다.

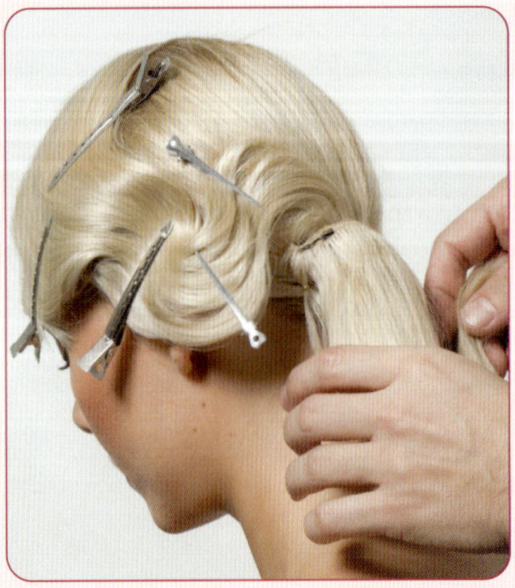

11 머리와 어울리는 붙임머리를 붙여 포니테일을 더 길고 볼륨감있게 연출한다.

12 포니테일을 안으로 접어 목덜미 부분에 닿게 하고 보비 핀으로 고정시킨다.

13 홀딩스프레이가 말랐는지 확인한 후 클립을 빼고 보비 핀으로 웨이브를 고정시킨다.

14 클립은 하나씩 빼어 보비 핀으로 고정시키고 하나씩 뺄 때마다 웨이브가 잘 고정되었는지 확인한다.

15 머리 전체에 홀딩 스프레이를 뿌려준다.

STRIKING SPIKES

9

STRIKING SPIKES
스트라이킹 스파이크

1 머리를 샴푸후 말린다. 화려한 컬러의 붙임 머리를 붙인다.

2 이마부터 목까지 머리를 몇 부분으로 나눈 후 각각 나누어진 부분을 목덜미 부분까지 꼬아 클립으로 고정시킨다. 끈 머리가 시작 되는 부분에 끈을 묶고 꼬아 놓은 부분을 따라 감싸준다. 목덜미 부분까지 감싸면 매듭을 짓는다.

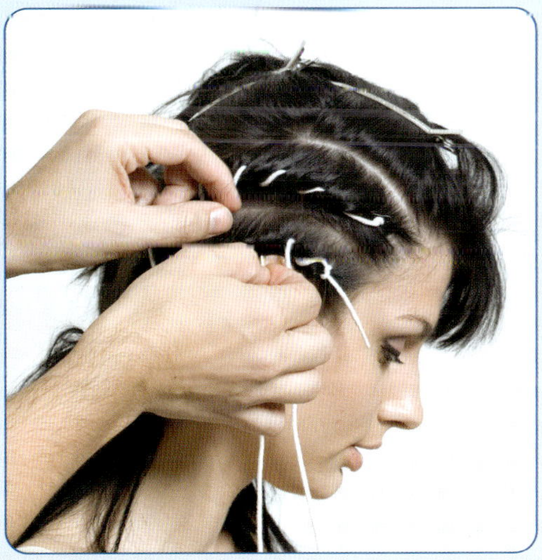

3 나누어 놓은 다른 부분들도 같은 방법으로 다루어준다.

이 스타일은
사람들의 이목을 끌기에 좋다.
독특하고 파격적인 느낌을 살리기 위해
몇 가지 테크닉과
액세서리를 활용한다.

4 꼬아 놓은 머리를 따라 끈을 감싼다.

5 끈이 목덜미 부분에 닿을 때까지 계속 감싸준다.

6 목덜미 부분에서 매듭을 짓고 남은 끈을 잘라낸다.

7 다른 부분도 이와 같이 해주되 머리 윗부분은 남겨 놓는다. 남겨 놓은 머리는 홀딩 스프레이를 뿌려준다.

8 이마 근처의 남겨 놓은 머리를 거꾸로 빗어준다.

9 거꾸로 빗어주는 동안 홀딩 스프레이를 뿌려주어 흐트러진 모양이 되게 한다.

10 가운데 부분 머리는 뿌리까지 거꾸로 빗어주고 잘 세워질 수 있도록 한다.

11 목덜미 부분까지 같은 과정을 반복한다.

12 중간 부분의 머리를 잘 다듬어 위로 세워준다.

13 머리를 잘 세우기 위해서 홀딩 스프레이를 활용한다.

14 중간 부분의 머리를 보비 핀으로 잘 고정시킨다.

LONG AND LUSCIOUS

10

LONG AND LUSCIOUS
감미로운 분위기의 긴 머리

1 머리를 샴푸후 말린다. 이마부터 정수리 부분까지 몇 부분으로 나눈 뒤 중간 크기의 고데기로 잘 말아준다.

2 고데기로 머리를 말기 전에 머리를 거꾸로 빗어주어 볼륨을 최대한 살린다.

3 이마 라인을 따라 컬을 넣어준다.

매혹적인 이 스타일은
풍성한 볼륨감을 자랑한다.
붙임 머리를 붙여
원하는 머리 길이로 연출할 수 있다.

4 컬을 넣을 때에는 뿌리까지 말아준다.

5 정수리 바로 아래 부분의 머리는 위로 잡고 거꾸로 빗어준다.

6 양쪽 머리를 느슨하게 잡아 거꾸로 빗은 부분으로 모아준다.

7 하나로 모은 머리는 한쪽으로 치우쳐지게 모아주고 클립으로 고정시킨다.

8 말아줬던 앞쪽 머리를 부드럽게 풀어주고 손가락으로 빗어준다.

9 이마 쪽 머리는 볼륨감을 주어 앞에서 높아 보이도록 위로 잘 잡은 뒤, 뒤로 넘겨 정수리 부분에서 보비 핀으로 고정시킨다.

10 머리를 고정할 때에는 자연스럽게 보이도록 핀을 꽂는다.

11 머리의 색과 어울리는 붙임 머리를 사용해 길고 풍성한 볼륨이 잘 드러나도록 연출한다.

12 극적인 효과를 연출하기 위해서 붙임 머리를 거꾸로 잘 빗는다.

13 붙임 머리 중 일부를 거꾸로 빗어 풍성한 볼륨감을 준다. 각 부분을 작은 고무줄로 묶어 고정시킨다.

14 머리가 풍성하게 보일 수 있도록 잘 손질한다. 한쪽 어깨에 머리를 늘어뜨리고 홀딩 스프레이를 뿌려 고정시킨다.

SOFT CINNAMON BUN

11

SOFT CINNAMON BUN
부드러운 시나몬 번

부드러운 컬의 올림머리 스타일
앞머리는 부드러운 볼륨이 돋보이며
뒷머리는 화려한 모습이 눈에 띈다.
이 스타일은 낮밤 상관없이
모두 잘 어울린다

1 머리를 샴푸후 말린다. 큰 고데기로 머리를 말아 준 후 이마 라인을 따라 7.5cm 길이 정도의 머리를 거꾸로 빗어 볼륨감을 준다.

2 거꾸로 빗은 머리는 뒤로 넘겨 정수리 부분에서 헤어핀으로 고정시킨다. 이것은 다른 머리의 모양을 잡는 데 중심이 된다.

3 머리 한쪽에서 머리 몇 가닥을 잡고 정수리 부분을 향해 꼬아서 올려준 뒤 보비 핀으로 고정한다. 볼륨감을 유지하기 위해 머리를 너무 세게 잡아당기지 않는다.

4 다른 쪽 머리 역시 꼬아서 정수리 부분에 올린 뒤 보비 핀으로 고정한다.

5 풀어진 머리에는 홀딩스프레이를 뿌려준다.

6 그 다음 하나로 꼬아서 정수리 부분 위에 말아 올린 후 보비 핀으로 고정한다.

7 이 때 말아 올린 머리는 두껍고 느슨해야 한다.

8 거꾸로 빗은 머리는 부드럽게 잘 빗어 웨이브를 넣는다.

9 거꾸로 빗은 머리의 뿌리를 살짝 들어줘 볼륨이 유지되도록 하고, 뿌리 근처를 고정해 높이를 형성해준다.

10 앞머리를 뒤로 빗어 직각으로 단단하게 잡아 올린 뒤 홀딩 스프레이를 6인치 정도 거리에서 뿌려준다.

11 머리끝을 느슨하게 풀어줘 자연스러운 웨이브가 생기도록 한다.

12 머리끝을 정수리 위쪽으로 넘겨 보비 핀으로 고정한다.

13 너무 타이트한 부분은 빗 꼬리를 넣어 볼륨을 넣어준 뒤 홀딩 스프레이를 뿌린다.

14 고정한 앞머리를 살짝 들어 올려 보비 핀으로 다시 한 번 고정해 더욱 화려하게 보이도록 한다.

CREATIVELY CURLY

12

CREATIVELY CURLY
독창적인 곱슬머리

발랄해 보이는 이 스타일은
옆쪽의 곱슬머리를 포니테일로 묶어
비대칭적인 모습을 보여준다.
스톤 스터드 액세서리를 활용해
자칫 흐트러져 보일 수 있는 스타일을
세련되게 연출한다.

1 머리를 샴푸후 수건으로 머리를 말린다. 수분크림을 손에 덜어 바르고 디퓨저로 머리를 건조시킨다.

2 이마부터 정수리 부분까지 사각으로 가르마를 탄다.

3 사각으로 나눈 부분에 물을 묻히고 앞쪽으로 빗어준다.

4 빗어준 머리를 옆 방향으로 단단하게 꼬아 준다.

5 꼬아 준 머리를 꽈리 모양으로 틀어 말아 올려준 후 끝을 매듭짓고 묶어서 고정한다.

6 뒷머리 중 일부를 손으로 잡고 원하는 높이만큼 들어올린다.

7 뒷머리를 위, 아래로 나눈다. 그 다음 윗부분 머리를 하나로 잡은 뒤 꼬아서 위로 올려준다.

8 꼬아 올린 머리는 클립으로 고정해 놓고 나머지 머리카락은 아래로 매달린 모양이 되도록 남겨 놓는다.

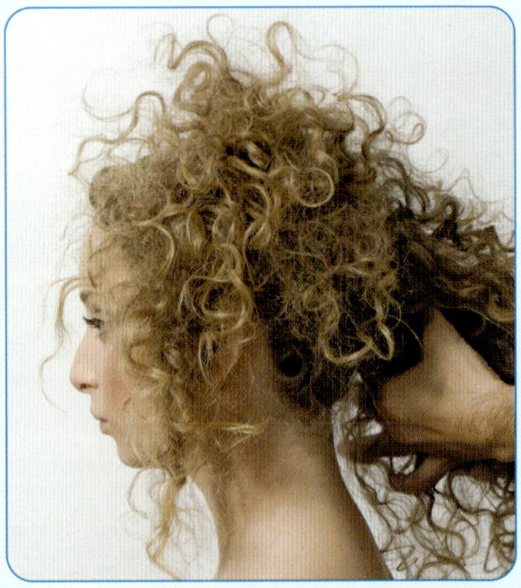

9 아래 남은 머리도 꼬아서 위로 올려주되 반대방향에 놓이도록 한다.

10 꼬아 올린 부분은 고정해 놓고, 남은 머리카락은 발랄해 보이게끔 매달린 모양이 되도록 손질한다.

11 꼬아 올리고 남은 뒷부분 머리에 작은 고데기를 사용하여 좀 더 강한 컬을 넣어준다.

12 마찬가지로 앞부분도 컬을 넣어줘 머리 앞부분의 컬이 들어가지 않은 부분과 대조가 되어 잘 어울리도록 만져준다.

13 더욱 풍성한 볼륨감을 주고 싶다면 꼬아 올리고 남은 머리를 한 손으로 잡고 다른 한 손으로 뿌리를 향해 빗어주도록 한다.

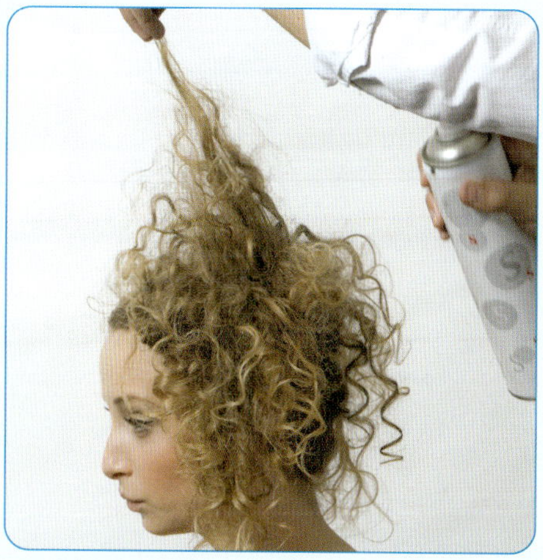

14 홀딩 스프레이를 뿌려 컬을 고정하고 발랄하게 보이도록 자연스럽게 매만져 준다.

WREATH OF RINGS

13

WREATH OF RINGS
링 모양의 화관

긴 머리를 자연스럽게 땋아
고리를 만들어 연출한 이 스타일은
굉장히 정교해 보인다.
머리를 둘러 싼 고리는
긴 생머리와 매우 잘 어울린다.

1 머리를 샴푸후 말린다. 머리 중간에 가르마를 타고 정수리 부분에서 머리 몇 가닥을 잡는다.

2 잡은 머리를 4부분으로 나누고 느슨하게 땋아준다. 이 때 각 4등분 한 머리카락 양은 같아야 한다. 두 번째 가닥을 첫 번째 가닥 앞에 놓고 세 번째 가닥은 네 번째 가닥 앞에 놓는다. 그 다음 두 번째 가닥이 X모양이 되도록 세 번째 가닥 앞에 놓는다. 다시 두 번째 가닥을 첫 번째 가닥 앞에 놓고 세 번째 가닥은 네 번째 가닥 앞에 놓는다. 두 번째 가닥은 세 번째 가닥 중간에 X모양으로 놓게 한다.

3 잡은 머리끝까지 계속 땋아준다.

4 다 땋고 나면 끝부분을 잡고 옆으로 공간이 생기도록 부드럽게 늘려준 후 고무줄로 고정한다.

5 이마 쪽도 머리 몇 가닥을 잡고 네 부분으로 나눈 다음 땋아주며, 반대 방향 역시 동일한 방법으로 다룬다.

6 땋고 남은 머리는 중간 크기 고데기로 말아서 컬을 준다. 고데기는 약 10초 정도 말아주는 것이 좋다.

7 남은 머리 모두 동일한 과정으로 다루어준다.

8 땋아 놓은 머리 중 하나를 잡고 사이사이의 공간을 잘 손질해 정리한다.

9 땋은 머리를 머리 앞쪽으로 넘겨 이마를 두른다.

10 보비 핀으로 땋은 머리끝을 머리 반대편에 고정시킨다.

11 다른 쪽 땋은 머리도 머리 정수리 부분에서 같은 방법으로 다루어주되 반대방향으로 두르고 머리끝을 고정시킨다.

12 첫 번째 땋은 머리를 접어 고리를 만들고 두 번째로 땋은 머리 쪽에 놓는다.

13 고리를 만들고 남은 머리끝을 돌돌 말아 보비 핀으로 고정한다.

14 반대쪽의 첫 번째로 땋은 머리는 자연스럽게 늘어뜨리고, 풀어놓은 머리는 부드럽게 빗어주어 스타일을 마무리한다.

BRAIDED CROWN

14

BRAIDED CROWN 땋은 머리로 왕관 만들기

이 스타일은 마치 귀족을 보는 것 같은 느낌을 준다.
머리 정수리 부분이 원래 머리이며 길게 땋은 붙임 머리가 머리를 둘러싼다.

1 머리를 샴푸후 수건으로 말린다. 수분크림을 발라준 후 디퓨저로 말린다.

2 한쪽 머리를 모두 위쪽 정수리 방향으로 모아 빗어준다.

3 위로 모은 머리를 보비 핀으로 고정해 놓고 홀딩 스프레이를 뿌린다.

4 반대 방향도 동일하게 다뤄준다.

5

6

5. 머리 뿌리를 잘 빗어서 원래의 컬이 손상되지 않도록 한다.
6. 뒤쪽 머리도 정수리 방향을 향해 위로 모아 빗어준다.

7

8

7. 머리색과 잘 어울리는 긴 붙임 머리를 골라 세 부분으로 나눈다. 그 다음 붙이 머리를 땋아 고무줄로 끝을 고정한다.
8. 붙임 머리를 머리 한쪽에 붙여 고정한다.

9

10

9. 땋은 붙임 머리는 이마를 지나 머리 반대편으로 두른다.
10. 붙임 머리를 두를 때는 머리 라인을 따라 얹도록 한다.

11

12

13

11. 머리 반대편에 붙인 땋은 머리를 보비 핀으로 고정한다.
12. 이 때 원래 머리와 함께 합쳐서 보비 핀으로 단단하게 고정하도록 한다.
13. 홀딩 스프레이를 뿌리고 손가락을 시용하여 머리 위쪽의 컬을 잘 잡아준다.

CURLED BOUQUET

15

CURLED BOUQUET
컬이 들어간 부케머리

이 스타일의 특징은
앞은 매끈하고 부드러운 컬 머리이면서
뒤는 와일드해 보인다는 것이다.
말아 올린 곱슬머리와
훤히 드러나는 목선이 함께 어우러져
화려하지만 우아하다.

1 머리를 샴푸한 후 끝으로 갈수록 웨이브가 안으로 생기도록 말린다.

2 머리를 하나로 모아 높은 포니테일로 묶어준다.

3 머리 색깔과 어울리는 스펀지를 골라 포니테일 묶은 부분을 감쌀 수 있도록 길고 좁은 소시지 모양으로 만든다.

4 스펀지로 포니테일을 감싸준다.

5 스펀지의 끝이 만나는 부분이 반드시 포니테일 밑으로 가도록 한다.

6 스펀지를 단단하게 보비 핀으로 고정한다.

7 포니테일 중 몇 가닥을 잡고 꼬아준다.

8 꼬아 놓은 머리끝을 자연스럽게 스펀지 안으로 집어넣는다.

9 이 때 고리 모양을 유지하면서 잡았던 머리를 아래쪽으로 천천히 떨어뜨리도록 한다.

10 끝을 잘 잡는 동시에 컬이 약해지지 않도록 수축시킨다.

11 그 다음 머리카락으로 스펀지 위를 감싼 다음 핀으로 고정한다.

12 남은 머리도 동일하게 반복하되 포니테일과 머리 가닥이 합쳐지지 않도록 주의하고 각각의 고리모양이 잘 유지되도록 스펀지에 고정한다. 머리를 핀으로 고정할 때에는 머리가 흩어지거나 튀어나오지 않도록 하며 스펀지가 보이지 않게 한다.

13 단단히 고정될 수 있도록 스펀지와 머리를 함께 핀으로 꽂는다.

14 스펀지 주변의 머리를 정리한 후 약 15cm 정도의 거리에서 홀딩 스프레이를 뿌린다.

SHOULDER FOLDS

16

SHOULDER FOLDS
긴 웨이브 머리를 접어서 연출하기

1 머리를 샴푸하고 말린 후 홀딩 스프레이를 뿌린다. 머리 뒤에서부터 2.5cm 정도로 머리를 잡고 중간 크기의 고데기로 말아준다.

2 각 부분의 볼륨감을 살리기 위해 거꾸로 빗어준다.

3 더욱 풍성한 볼륨감을 연출하고 싶다면 고데기로 머리 뿌리 끝까지 말아주도록 한다.

긴 머리를 좋아하는 사람도
가끔은 짧은 스타일을 원할 때가 있다.
긴 머리에 컬을 넣은 이 스타일은
머리를 안쪽과 위쪽으로 끌어올려
마치 짧은 머리처럼 연출해 준다.

4 이마부터 정수리까지 이르는 부분에 가운데 가르마를 타고 앞머리를 고데기로 말아준다.

5 머리 전체를 고데기로 말아 컬을 만든 후 홀딩 스프레이를 뿌리고 약 10분 정도 기다린다.

6 컬이 느슨해지도록 부드럽게 빗어주어 웨이브 머리를 만든다.

7 전체적으로 컬을 빗어주되 웨이브가 풀어지지 않도록 주의한다.

8 머리 몇 가닥 끝을 잡은 상태에서 부드럽게 꼬아준다.

9 꼰 머리를 안으로 접어 보비 핀으로 고정한다.

10 다른 부분 머리도 이와 동일하게 꼬아서 안으로 접어 고정한다.

11 머리를 안으로 접을 때에는 길이가 동일해야 한다.

12 앞쪽 머리는 풀린 채로 둔다.

13 앞쪽 머리를 자연스럽게 넘겨 컬이 손상되지 않도록 조심히 핀을 꽂아준다.

14 각 부분의 머리들이 모두 동일하게 어깨에 닿을 정도의 길이가 되도록 핀을 꽂아준다.

VICTORIAN FOLDED LOOPS

17

VICTORIAN FOLDED LOOPS
접어서 말아 올린 빅토리아시대 스타일

이 스타일은
빅토리아시대의 우아함과
현대의 편안함이 혼합된 스타일이다.
뒷머리는 콘 모양으로
머리를 말아 올린 모습이고
앞머리는 머리를 부드럽게
접어 올린 모습이다.

1 머리를 샴푸하고 말린다. 정수리 부분부터 양쪽 귀 부분 머리까지 가르마를 탄 후 남겨두고, 나머지 머리는 하나로 모아 위로 올리면서 빗어준다.

2 바나나 모양을 만들기 위해 머리를 꼬아서 위로 올리고 클립으로 고정한다.

3 처음에 따로 남겨둔 앞머리를 세 부분으로 나눈다. 세 부분 중 양 옆 부분을 하나로 모아 포니테일로 묶어 주고 홀딩 스프레이를 뿌려준다.

4 가운데 부분의 머리는 이마 위쪽으로 잘 빗어준다.

5 가운데 머리에 홀딩 스프레이를 뿌린 후 뒤로 넘겨 포니테일 위에 고정한다.

6 아래 머리를 따로 분리시킨다.

7 포니테일을 감싸며 말아준다.

8 높아질 때까지 계속 감싸며 말아 올린다.

9 끝까지 감싸 올렸으면 남은 끝 부분을 말아 올린 머릿속으로 집어넣은 후 보비 핀으로 뿌리 근처에서 고정한다.

10 말아 올린 머리 주변에 홀딩 스프레이를 뿌린 후 꼬리 빗 뒷면으로 표면을 부드럽게 쓸어준다.

11 말아 올린 머리 앞에 남겨두었던 머리는 앞쪽으로 빗어준다.

12 빗어준 머리를 머리 옆 이마 부분에 핀으로 고정시키고 머리끝에 홀딩 스프레이를 뿌린다.

13 머리를 반으로 접고 정수리 부분을 덮으며 머리끝이 말아 올린 부분으로 닿도록 한다.

14 보비 핀으로 머리끝을 고정하고 꼬리 빗 뒷면으로 쓸어준 후 홀딩 스프레이를 뿌린다.

WILD AND WRAPPED

18

WILD AND WRAPPED
와일드하게 감싸 올린 머리

이 스타일은
포니테일을 두껍게 연출하여
와일드하게 보인다는 특징을 가진다.
앞머리를 한쪽으로 넘겨
발랄하게 연출했으며
밝은 색의 헤어밴드를 활용했다.

1 머리를 감은 후 말린다. 앞머리 뒤로 정수리 부분에서 머리를 가로 약 2.5cm, 세로 약 3.5cm 정도 따로 빼서 끝을 잡고 위로 올려준 뒤 뿌리 부분까지 거꾸로 빗어준다.

2 이 부분 바로 아래의 머리도 같은 넓이로 따로 빼서 잡아준 뒤 마찬가지로 뿌리 부분까지 거꾸로 빗어준다. 앞머리 바로 뒤부터 목덜미 부분까지 머리 중간 부분을 따라 동일한 과정을 계속 반복한다

3 머리 양 옆 부분도 이와 같이 거꾸로 빗어준다.

4 거꾸로 빗은 머리는 풍성한 볼륨감이 잘 나타나도록 모아 뒤로 넘긴다. 앞머리는 자연스럽게 둔다.

5 거꾸로 빗은 머리가 볼륨감을 그대로 유지할 수 있도록 부드럽게 빗어준 후 보비 핀으로 정수리 아래 부분에서 고정한다.

6 이렇게 거꾸로 빗은 머리는 와일드하고 풍성한 볼륨감이 돋보이는 스타일을 연출해준다.

7 뒤에 남은 머리를 하나로 모아 꼬아서 말아주고 보비 핀으로 고정한다. 이때 머리를 모두 말아 올리지는 않도록 하며 아랫부분을 풀린 채로 남겨둔다.

8 홀딩 스프레이를 뿌리고 앞에 올린 머리에서 몇 가닥씩 빼준다.

9 목덜미 부분의 풀어진 머리를 거꾸로 빗어준다.

10 이마 라인을 따라 머리를 거꾸로 빗어 볼륨감을 더해주고 뒤쪽의 말아 올리고 남은 머리는 한쪽 어깨로 넘긴다.

11 자연스럽고 세련되게 보이도록 머리를 정리한다.

12 밝은 색의 헤어밴드를 골라서 머리에 두른다.

13 헤어밴드는 앞머리 바로 위에 놓이도록 하되 목덜미 부분 머리 아래로 집어 넣는다.

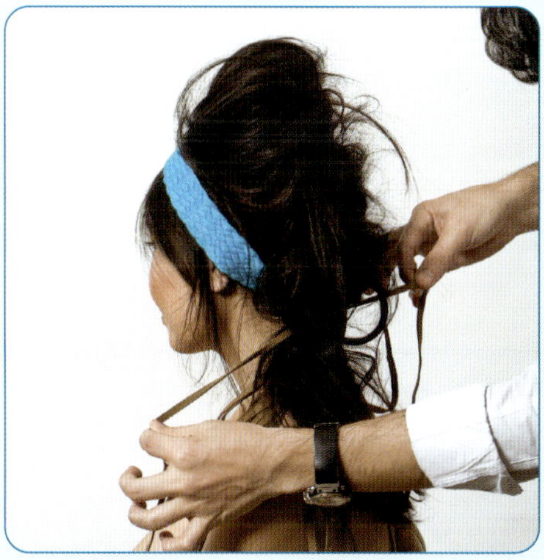

14 목덜미에서 풀린 머리와 함께 모아 묶어 준다.

GENTLE SWIRLS WITH PEARLS

19

GENTLE SWIRLS WITH PEARLS
진주로 장식한 올림머리

클래식한 이 스타일은
굉장히 부드럽고 여성스러운 느낌이다.
뒤쪽 머리를 진주가 달린 줄로 장식해
멋스러움을 더했다.

1 머리를 샴푸한 후 말린다. 중간 크기 고데기로 머리를 말아준다. 머리끝을 손으로 거꾸로 빗어주어 볼륨감을 준다.

2 홀딩 스프레이를 뿌린다.

3 보비 핀을 머리 뒤 정수리 아랫부분에 반원 모양으로 고정시킨다.

4 홀딩 스프레이를 다시 한 번 뿌려주고 보비 핀이 나중에 머리를 접었을 때 잘 고정시킬 수 있도록 단단하게 꽂혀 있는지 확인한다.

5 한쪽 머리를 위로 올려 느슨하게 꼬아 주며 머리 뒤쪽으로 넘긴다.

6 이 때 보비 핀이 꽂혀있는 부분을 따라 말아주도록 하며 빗보다는 손을 사용해서 컬이 손상되지 않도록 한다.

7 이미 꽂혀있는 보비 핀을 사용해 머리를 고정하고 필요하다면 보비 핀을 더 사용한다.

8 다른 부분도 동일하게 해준다. 머리 뒤쪽으로 머리를 계속 말아 올려준다.

9 머리 뒤쪽까지 계속 보비 핀이 꽂혀 있는 부분으로 꼬아 말아 올린다.

10 머리 반대편도 동일하게 해주되 앞쪽에서부터 시작하도록 한다. 머리를 꼬아서 말아 올릴 때에는 느슨하고 자연스럽게 보이도록 주의한다.

11 보비 핀을 사용해 말아 올린 부분을 고정하고 홀딩 스프레이를 뿌린다.

12 머리가 전체적으로 풍성하고 자연스럽게 보일 수 있도록 머리 일부분을 느슨하게 빼준다.

13 말아 올린 부분의 머리가 정수리 주변을 따라 일정한 라인을 이룰 수 있도록 손질해준다.

14 필요하다면 보비 핀을 더 사용해 고정하고 홀딩 스프레이를 다시 한 번 뿌려준다.

UP, UP, AND AWAY

20

UP, UP AND AWAY
업 스타일

1 머리를 샴푸한 후 말린다. 귀 뒤부터 정수리 부분까지 가르마를 타서 앞부분은 따로 남겨 두고 뒷머리는 하나로 모아준다.

2 모아준 머리를 부드럽게 꼬아준다.

3 꼬아준 머리가 바나나 모양이 되도록 만든다.

이 스타일은
높게 올린 앞머리 덕분에
얼굴이 강조된다.
뒷모습은 헐렁하게
머리가 말아 올려 졌으며
동시에 부분적으로
몇 가닥씩 빠져 나와 있다.

4 꼬아 놓은 머리를 고정한 채 바나나 모양으로 만들어 보비 핀으로 고정한다.

5 계속 머리를 꼬아서 U모양이 되도록 한다. 꼬아 놓은 머리에 핀을 꽂고 나머지 머리는 풀린 상태로 둔다.

6 앞머리를 세 부분으로 나눈 다음 가운데 부분 머리를 거꾸로 빗어준다.

7 홀딩 스프레이를 거꾸로 빗은 머리에 뿌린다.

8 머리끝을 고무줄로 묶어준다.

9 머리를 뒤로 접어 넘기고 이마 쪽에 높은 웨이브가 형성될 수 있도록 고무줄로 묶은 부분을 머리 뿌리에 닿게 한다. 고무줄로 묶은 부분을 보비 핀으로 머리에 고정한다.

10 양 옆의 머리를 위로 들고 뒤로 넘기며 빗어준다.

11 홀딩 스프레이를 가볍게 뿌려준 후 머리를 위로 들고 뒤로 넘기며 다시 한 번 빗어준다.

12 이 때 넘긴 머리는 정수리 아랫부분의 말아 올려놓은 머리 아래쪽에 고정한다.

13 고정하고 남은 머리는 꼬아서 더욱 더 풍성한 볼륨감을 준다.

14 머리 끝부분들을 잘 손질해서 말아 올린 부분 주변으로 동일하게 뻗쳐 있을 수 있도록 한다. 스타일이 완성되면 홀딩 스프레이를 뿌린다.

SWIRLY CURLS WITH HEADBAND

21

SWIRLY CURLS WITH HEADBAND
헤어밴드를 사용한 올림머리

이 스타일은
긴 파마머리에 붙임 머리를 추가하고
컬을 넣어준 것이다.
화려한 헤어밴드 사용은
스타일을 더욱 발랄하게 연출한다.

1 머리를 샴푸한 후 말린다. 귀 뒤에서부터 머리 뒷부분을 나누고 위쪽 머리를 고정해놓는다. 아래쪽 머리는 거꾸로 빗어주되 머리끝에서부터 뿌리 쪽을 향하도록 한다.

2 원래 머리색과 비슷한 붙임 머리를 골라 거꾸로 빗어놓은 머리 뿌리 쪽에 붙여서 떨어지지 않도록 한다.

3 정수리 부분의 머리를 모아 잡고 거꾸로 빗어준다.

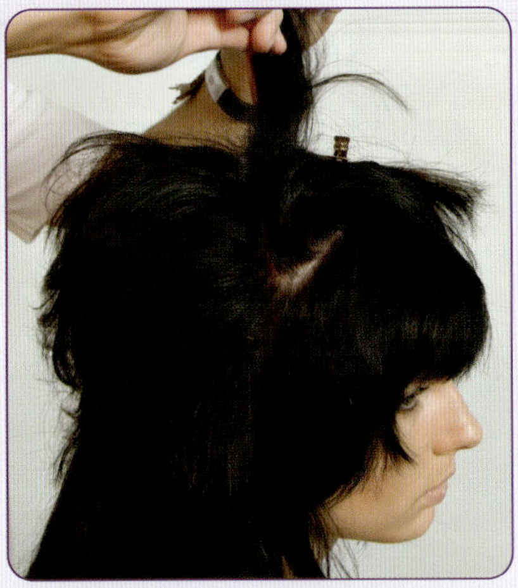

4 이마에서 약 7cm 정도 떨어진 부분에서 머리를 세로 2.5cm 가로 5cm 정도로 모아서 거꾸로 빗어준다.

5 거꾸로 빗은 머리는 볼륨감이 손상되지 않도록 뒤로 잘 넘겨준다.

6 가볍게 스프레이를 뿌려준 후 계속 거꾸로 빗어주어 둥근 모양을 만든다.

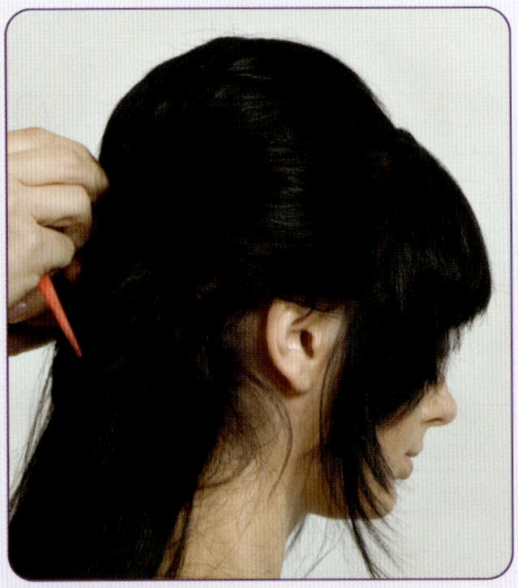

7 머리끝을 모아준 다음 보비 핀으로 고정한다.

8 머리 양 옆에서 몇 가닥씩을 빼서 머리 뒤쪽 중앙에 둥글게 만들고 근처를 핀으로 고정한다.

9 남은 머리에 홀딩 스프레이를 뿌려준다.

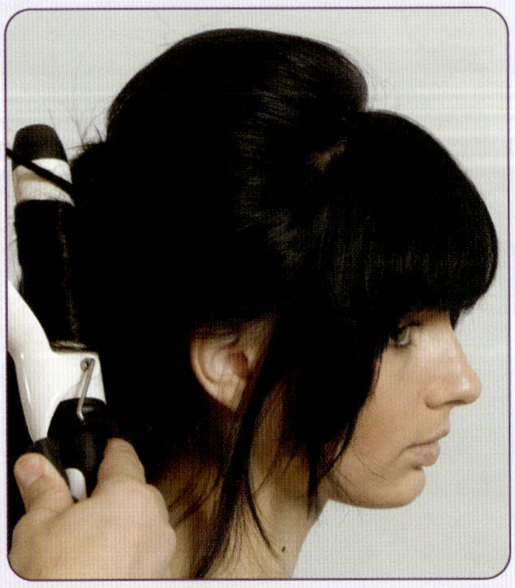

10 약 5cm 너비로 잡아 중간 크기의 고데기로 말아준다.

11 남은 머리 모두 같은 방식으로 말아준다.

12 머리끝을 잡고 손가락을 이용해 뿌리 쪽으로 밀어 올려준다.

13 머리에 층을 낸 효과를 내기 위해 길게 늘어진 머리에서 몇 가닥을 접어 정수리 쪽으로 올려준다.

14 스타일 완성을 위해 폭이 약 3.8cm 정도 되는 헤어밴드를 정수리 부분에 올린 후 목덜미 아래에서 묶어준다.

BOUQUET OF BRAIDS

22

BOUQUET OF BRAIDS
땋은 머리를 이용한 부케 스타일

이 스타일은 머리 위에 느슨하게 땋은 머리를 올린 것이다. 화려하고 드라마틱한 이 스타일은 연출이 비교적 쉽다.

1 머리를 샴푸한 후 말린다. 정수리 부분에서 포니테일로 묶어준다.

2 포니테일은 고무줄로 묶는다.

3 포니테일을 여섯 부분으로 나눈다.

4 나눈 각 머리마다 왁스를 발라준다.

5 각 부분을 다시 세 갈래로 나눈 다음 느슨하게 땋아준다.

6 땋은 머리끝을 고무줄로 묶는다.

7 남은 다섯 갈래의 머리도 같은 과정으로 반복해 준다.

8 머리를 땋을 때는 손가락을 넣어서 충분히 느슨한지 확인한다.

9 땋은 머리 하나를 잡는다.

10 땋은 머리를 포니테일로 묶은 부분을 향해 접어주고 보비 핀으로 고정한다.

11 남은 다섯 개의 땋은 머리도 동일하게 해준다.

12 땋은 머리를 다 접어 올려 고정했으면 땋은 부분 사이사이를 조금씩 벌려 느슨하게 해준다.

13 원하는 대로 느슨하게 벌리고 손질해준다.

14 올린 머리 아래 부분을 잘 빗은 후 홀딩 스프레이를 뿌려 마무리한다.

WAVES TO THE WAIST

23

WAVES TO THE WAIST
허리까지 내려오는 웨이브

자연스럽게 긴 머리를 늘어뜨린
이 스타일은 매우 여성스럽고 우아하다.
머리 앞쪽에 부드러운 컬로
풍성한 볼륨감을 넣어
뒷머리와 어울리도록 했다.
뒤쪽의 남은 머리를 길게 늘어뜨려
사랑스러운 모습을 연출했다.

1 머리를 샴푸한 후 말린다. 머리를 약 2.5cm 정도씩 나눈 후 중간 크기의 고데기로 목덜미 부분부터 시작해 위쪽 방향으로 잘 말아준다. 각 나눈 부분은 고데기로 말기 전에 거꾸로 빗어주어 볼륨감을 최대한 살릴 수 있도록 한다.

2 각 부분을 잘 말아 보비 핀으로 컬을 고정한 뒤 홀딩 스프레이를 뿌려준다.

3 머리 윗부분에 닿을 때까지 계속 약 2.5cm씩 나누어 머리를 말아주고 보비 핀으로 고정한다.

4 이마 쪽 머리도 고데기로 말아준다.

5 보비 핀으로 컬을 고정하고 홀딩 스프레이를 뿌린 뒤 컬이 고정 될 때까지 약 10분 정도 기다린다.

6 컬에 꽂았던 보비 핀을 조심스럽게 빼고 손가락으로 컬을 부드럽게 빗어준다.

7 모든 컬을 풀었으면 홀딩 스프레이를 다시 뿌린다.

8 손가락으로 컬 사이사이를 빗어주어 공간이 생기도록 한다.

9 양 옆쪽의 머리를 뒤쪽으로 넘겨 하나로 모아주고 보비 핀으로 고정한다.

10 핀으로 고정시킨 부분을 잘 정리해서 나머지 자연스럽게 늘어뜨려진 머리와 합쳐질 수 있도록 한다.

11 뒤쪽 머리 몇 가닥을 잡아서 고리로 말아 올려주고 보비 핀으로 고정한다.

12 반대쪽도 몇 가닥 잡아 고리로 말아 올리고 보비 핀으로 고정해준다.

13 처음 말아 올린 두 개 고리 아래로 몇 개의 고리를 더 만들어 말아 올리고 보비 핀으로 고정한다.

14 나머지 긴 머리를 자연스럽게 늘어뜨려 한쪽 어깨로 넘기고 홀딩 스프레이를 뿌린다.

CURIOUSLY CURLED

24

CURIOUSLY CURLED
색다르게 컬 넣기

1 머리를 샴푸한 후 말린다. 이마 부분에서 똑같이 세 부분으로 가르마를 타고 중간 부분을 중간 크기 고데기로 말아준다.

2 머리 앞쪽에서 양 옆으로 컬을 만들고 클립으로 고정한 뒤 홀딩 스프레이를 뿌린다.

3 정수리 부분에서 귀까지 가르마를 타서 머리를 나눈다. 남은 머리는 포니테일로 묶고 홀딩 스프레이를 뿌린다. 앞에 나누어서 남겨 놓은 머리는 클립으로 임시로 고정해둔다.

이 스타일은
한 쪽 귀 뒤에 모든 컬을 말아 올려
풍성한 컬을 연출,
화려한 분위기를 자아낸다.
얼굴 한쪽에 머리 한 가닥을
늘어뜨리는 것은
부드러움을 더하는 효과를 준다.

4 포니테일로 묶은 머리 중 위 몇 가닥을 잡아 두 개의 고리로 만들어 말아 올리고 보피 핀으로 고정한다. 같은 과정을 반복해 고리를 몇 개 더 만들어 말아 올려준다.

5 포니테일로 묶은 아래 부분도 같은 방법으로 고리를 만들어 고정한다.

6 말아 올린 머리를 잘 정리한 뒤 홀딩 스프레이를 뿌려 고정한다.

7 앞에 남겨 놓은 머리는 꼬아서 귀 뒤로 넘겨준다.

8 포니테일로 묶어 놓은 부근을 잘 고정한 뒤 머리끝을 잘 말아서 이미 말아 올려놓은 머릿속으로 집어넣어 고정한다.

9 머리 앞에 임시로 고정해 놓은 클립을 빼서 부드럽게 컬을 만들어 준다.

10 부드럽게 빗어서 웨이브로 만든다.

11 웨이브가 된 머리는 볼륨감을 유지한 채로 머리 한쪽 뒤로 잘 넘겨 클립으로 고정한다.

12 클립 아래의 머리도 잘 빗어서 웨이브가 생기도록 한 뒤 다시 클립으로 고정한다.

13 완전히 고정되기 전이므로 손질에 유의한다.

14 모든 머리가 잘 고정이 되었으면 홀딩 스프레이를 뿌리고 디퓨져로 말린다. 모양이 잘 잡혔으면 클립을 빼고 액세서리로 장식한다.

LOCKS OF A LIONESS

25

LOCKS OF A LIONESS
사자머리

1 머리를 샴푸한 후 말린다.

2 중간 크기 고데기로 머리 전체를 말아준다.

3 말아 놓은 머리를 잘 풀어준다.

이 스타일은
아래쪽 머리에 굵고 아름다운 웨이브를 넣어
풍성한 볼륨감을 연출한다.
윗머리는 부드럽게 빗어준 뒤
사각형의 헤어밴드로 장식해
강한 인상을 준다.

4 손가락으로 컬 사이사이를 잘 풀어주어 웨이브머리가 되도록 한다.

5 한 손으로 머리 몇 가닥을 잡고 위로 올려준 뒤 끝에서부터 뿌리 끝까지 거꾸로 빗어준다.

6 뒷머리 전체를 모두 같은 방식으로 거꾸로 빗어준다.

7 이 과정을 거치면 머리가 전체적으로 풍성해진다.

8 부분적으로 홀딩 스프레이를 뿌려 볼륨이 유지되도록 한다.

9 정수리 부분의 컬도 거꾸로 빗어주어 계속 볼륨을 넣어준다.

10 손에 왁스를 덜어 비벼준 뒤 머리 전체에 발라준다.

11 머리를 계속 거꾸로 빗어주어 원하는 만큼 볼륨감을 준다.

12 머리 위는 손으로 눌러 주고 정수리 부분 주변으로 헤어 밴드를 씌운다.

AWESOMELY OVERSIZED BUN

26

AWESOMELY OVERSIZED BUN
특이한 올림 머리

머리를 아주 크게 말아 올린 이 스타일은
많은 이들의 시선을 끈다.
화려한 리본을 활용해
더욱 강한 인상을 남길 수 있다.

1 머리를 샴푸한 후 말린다. 높게 포니테일로 묶어 주고 홀딩 스프레이를 뿌린다.

2 최대한 머리 표면이 부드럽게 될 수 있도록 드라이어로 조심히 말리면서 위로 빗어준 후 홀딩 스프레이를 뿌려 고정한다.

3 원래의 머리 색과 어울리는 붙임 머리를 고른다.

4 포니테일에 붙임 머리를 붙인다.

5 머리 색깔과 어울리는 스펀지를 고르고 둥그런 모양을 만든다.

6 보비 핀으로 스펀지를 포니테일로 묶은 곳에 고정한다.

7 포니테일로 묶은 머리를 두 갈래로 나누어 위로 들고 빗어 준 뒤 스펀지 위에 놓는다.

8 잘 빗어주어 스펀지 전체를 잘 감싸줄 수 있도록 한다.

9 홀딩 스프레이를 뿌려 스펀지 위에 잘 고정될 수 있도록 한다.

10 남은 머리카락 끝을 잘 감싸서 표면을 부드럽게 만든다.

11 말아 올린 머리에 핀으로 머리끝을 고정한다.

12 다른 남은 한쪽도 잘 빗어서 같은 방향으로 스펀지를 감싸고 보비 핀으로 고정한다.

13 머리끝은 홀딩 스프레이를 뿌린 뒤 잘 빗어 평평하게 만든다.

14 리본처럼 스펀지 아래 부분을 잘 감싸고 보비 핀으로 고정한 뒤 홀딩 스프레이를 뿌려 스타일을 마무리한다.

15 더 나은 스타일을 완성을 위해 말아 올린 머리 주변을 헤어밴드로 장식한다.

SMOOTH AND SENSUAL

27

SMOOTH AND SENSUAL
부드러운 느낌의 세련된 머리

1 머리를 샴푸한 후 말린다.

2 머리 맨 오른쪽에 가르마를 탄 후 머리를 빗어서 왼쪽 이마로 부드럽게 넘긴다.

3 머리를 뒤쪽 아래로 모아주고 클립으로 목 오른쪽 부분의 머리를 고정한다.

이 스타일은
머리 한쪽에만 가르마를 타서
감각적이고 신비한 느낌을 준다.
목이 보이도록
큰 모양으로 머리를 꼬아 올려
뒷모습을 사랑스럽게 연출했다.

4 왼쪽으로 모아준 머리는 목덜미 부분 쪽으로 위로 올려 잘 빗어준다.

5 보비 핀으로 목덜미 부분에서 머리 라인을 따라 왼쪽 편의 머리가 보이도록 잘 모아주면서 고정한다.

6 오른쪽 머리를 뒤로 잘 모아 위로 빗어주고 보비 핀으로 고정한다.

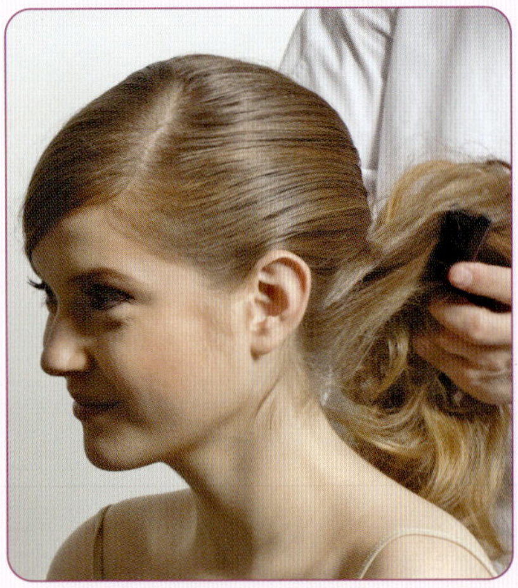

7 뒤에서 모아준 머리를 하나로 합친 뒤 빗어준다.

8 머리를 꼬면서 위쪽으로 접어 올려 준다.

9 접어 올린 머리를 더 꼬아준다.

10 꼬아서 말아 올린 머리를 보비 핀으로 고정하고 꼬아진 부분이 느슨하게 되도록 손질한다.

11 머리끝을 바나나 모양으로 만들어 준다.

12 꼬아놓은 머리를 전체적으로 보비 핀으로 고정하고 홀딩 스프레이를 뿌린다.

SASSY SPIKES

28

SASSY SPIKES
생기발랄한 스파이크 스타일

이 스타일은
발랄해 보이면서
동시에 세련되어 보인다.
잘 매듭지어진 머리와 함께
여기저기 흐트러져있는 스파이크가
특히 인상적이다.

1 머리를 샴푸한 후 말린다. 이마 라인을 따라 머리를 몇 갈래로 나눈다.

2 각 나눈 부분을 뒤로 빗어준 후 단단하게 뿌리까지 꼬아서 밧줄 모양으로 만들어 보비 핀으로 고정한다.

3 홀딩 스프레이를 뿌리 쪽에 갖다 대고 머리끝 쪽으로 이동하며 뿌려준다.

4 스프레이가 마를 때까지 몇 분 기다려 준 뒤 보비 핀을 뺀다.

5 목덜미 부분에 닿을 때까지 같은 과정을 반복한다.

6 각 부분을 꼬아서 밧줄 모양으로 만들 때는 정수리 주변을 따라 동그란 모양으로 끝을 모아준다.

7 보비 핀으로 각 부분을 고정하되 약 4cm 정도 남겨 놓는다.

8 머리를 더 단단하게 고정해놓기 위해서 보비 핀을 꽂기 전에 머리를 더 단단하게 꼬아주고 될 수 있는 한 머리 뿌리 쪽에 핀을 꽂는다. 머리를 나눌 때 나중에 가르마가 눈에 너무 띄지 않도록 조심해서 갈래를 나눠준다.

9 꼬아 놓은 모든 머리에 핀을 꽂는다. 이 때 머리 중심부를 향해서 꽂도록 한다.

10 정수리 부분에서 고정하고 남은 머리를 모아 준 뒤 두 부분으로 나눈다.

11 각 부분을 밧줄 모양으로 또 꼬아주고 홀딩 스프레이를 뿌린다.

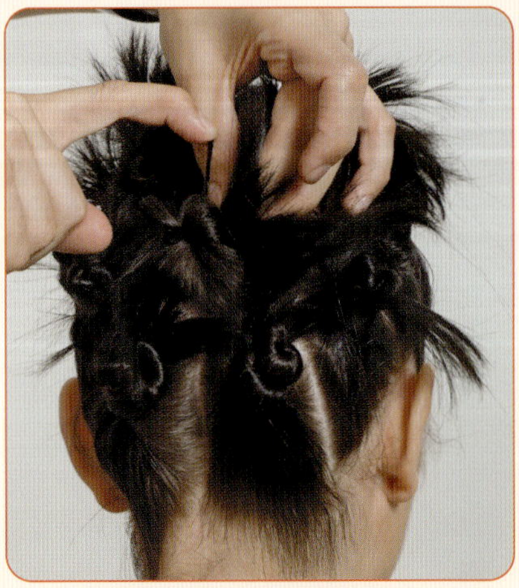

12 보비 핀으로 고정하되 필요하면 더 많은 보비 핀을 사용한다. 그 다음 홀딩 스프레이를 뿌린다.

13 정수리 부분에 꼬고 남은 머리는 잘 손질해서 서로 떨어뜨려 놓는다.

14 홀딩 스프레이를 약 15cm 정도 거리에서 뿌려준다.

ROYAL WREATH

29

ROYAL WREATH
귀족풍의 화관 머리

이 스타일은
머리를 전체적으로 위로 쓸어 모아
이마와 목이 보이는 것이 특징이다.
우아함을 더하기 위해
보석으로 된 헤어밴드와
장식용 빗을 사용했다.

1 머리를 샴푸한 후 말린다. 손에 왁스를 덜어 비빈 뒤 머리의 전체적인 컬 사이사이에 발라준다.

2 한쪽 머리의 귀 바로 뒤부터 이마 부분까지 머리를 잡아 모아준다.

3 모은 머리를 부드럽게 안쪽으로 꼬아주고 머리 뒤쪽으로 넘긴다.

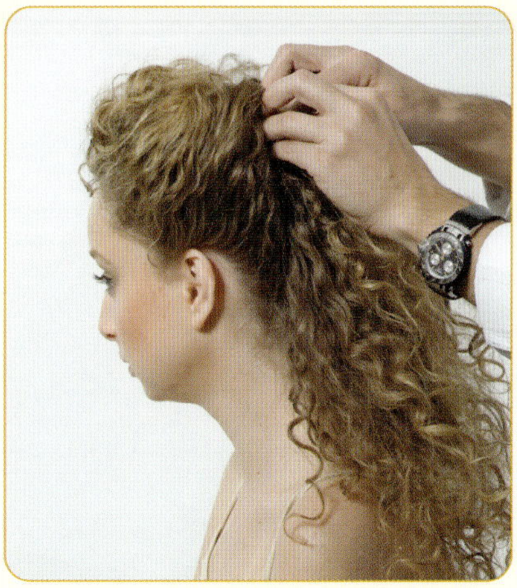

4 꼬아 놓은 부분 아래로 머리끝을 집어 넣고 보비 핀으로 고정한다.

5 같은 쪽에 있는 귀 뒤부터 목덜미 부분까지의 머리를 잡아 모아준다.

6 느슨하게 안쪽으로 꼬아준 후 위로 올려 머리카락 사이로 끝을 집어넣은 다음 첫 번째로 꼬아 고정한 부분 근처에 보비 핀을 꽂아준다.

7 같은 방식으로 머리 반대편도 손질해 주되 귀 뒤부터 이마 부분까지 머리를 먼저 모아서 잡아준다.

8 모은 머리는 안쪽으로 꼬아주며 머리 뒤쪽으로 넘겨준다.

9 앞에서 봤을 때 양쪽이 대칭이 되어야 한다. 보비 핀으로 꼬아 놓은 부분을 고정한다.

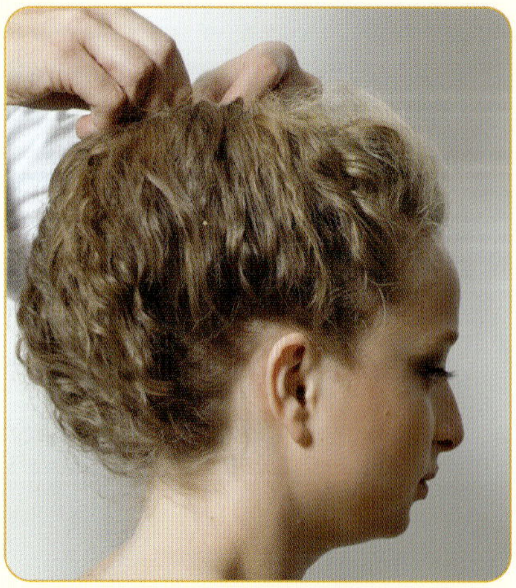

10 머리 뒤쪽에 남은 머리는 하나로 모아 위쪽으로 꼬아 올리고 머리끝을 잘 집어넣어서 먼저 고정해놓은 부분 근처에 보비 핀을 꽂는다.

11 손가락으로 모양을 잘 잡아주고 균형을 맞춘다.

12 완벽한 마무리를 위해 보석으로 된 헤어밴드를 골라 머리에 씌운다.

13 목덜미 부분에 헤어밴드를 고정한다.

14 헤어밴드의 끝을 위로 올려 클립이나 보비 핀으로 머리에 고정한다.

BIRD OF PARADISE

30

BIRD OF PARADISE
새들의 파라다이스

땋은 머리와 아이론 파마머리,
생머리 콤비는 매우 화려한 느낌을 준다.
특히 심플한(꼭 심플하지 않더라도)
블랙 드레스와 잘 어울린다.

1 머리를 샴푸한 후 무스를 바른 뒤 말린다. 고데기로 아이론 파마머리를 만들되 뿌리부터 시작해 머리끝까지 만들어 준다. 컬을 잘 나오게 하려면 고데기를 5초씩 잡아준다. 머리 뒤 귀 위쪽에서 수평으로 컬을 넣어주고 앞머리는 풀린 채로 남겨두고, 뒷머리는 함께 모아서 포니테일로 묶어준다.

2 귀 바로 뒤쪽 머리는 따로 묶어 남겨두고 아래 머리는 낮게 포니테일로 묶어준다.

3 이마 라인을 따라 머리를 몇 가닥씩 나누고 뒤쪽으로 땋아준 뒤 고무줄로 묶어준다.

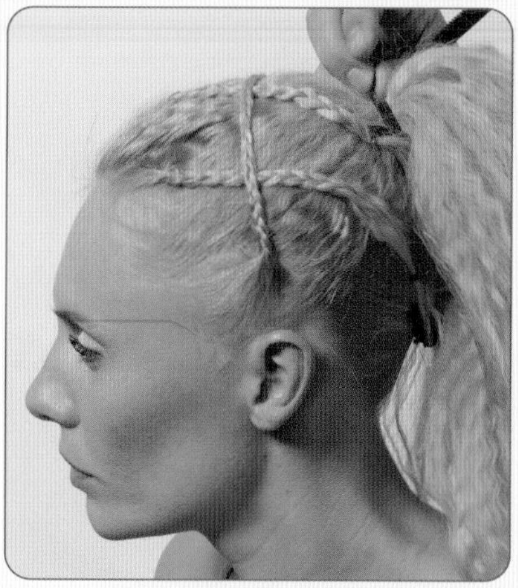

4 땋은 머리를 대각선으로 포니테일 쪽으로 넘겨준 뒤 보비 핀으로 끝을 고정한다.

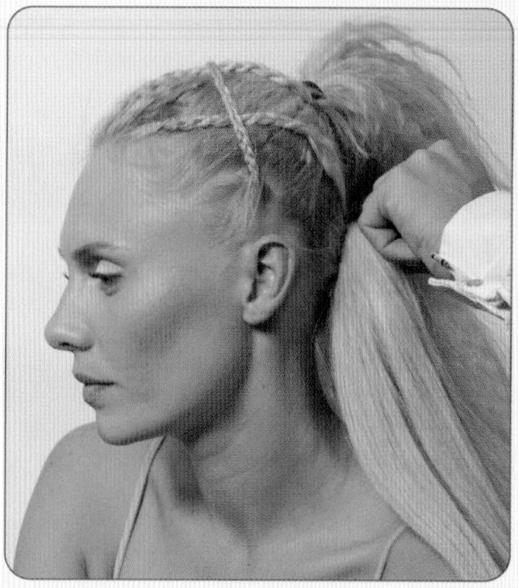

5 원래 머리 색과 어울리는 긴 붙임 머리를 고르고 포니테일 밑에 붙여준다.

6 스펀지 역시 잘 어울리는 색을 골라 직사각형 모양으로 만든 뒤 포니테일 위에 고정한다.

7 다른 붙임머리를 스펀지 위에 고정한다.

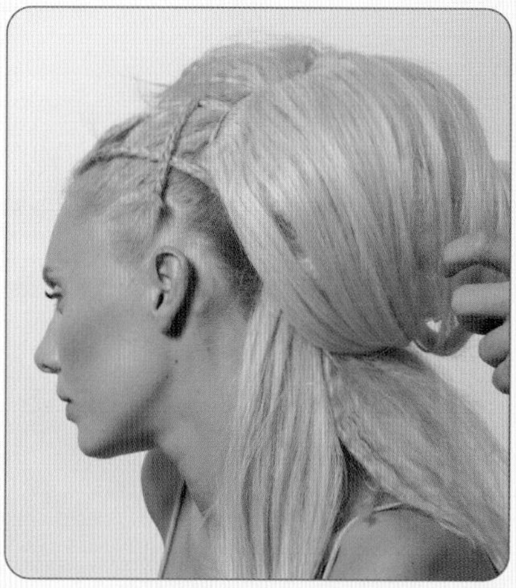

8 붙임 머리로 스펀지를 덮고 보비 핀으로 고정한 후 홀딩 스프레이를 뿌린다.

9 포니테일 밑에 붙인 붙임머리를 위로 올리고 안으로 접는다. 접은 붙임 머리의 아래 머리는 꼬아서 스펀지 쪽으로 올린다.

10 스펀지 앞쪽에 꼬아 올린 머리를 고정하고 끝을 거꾸로 빗어 머리 위에 흩날리도록 한다.

11 더 어두운 색의 붙임 머리를 골라서 땋아준다.

12 스펀지에 땋아 놓은 붙임머리를 고정하고 스펀지를 감싼 뒤 붙임머리 아래쪽과 위쪽 근처를 고정한다.

13 머리 위쪽에 풀린 머리들은 거꾸로 빗어 준 뒤 홀딩 스프레이를 뿌려준다.

14 머리 전체에 스프레이를 뿌려 완성한다.

BACK-TO-BASICS BRAIDS

31

BACK-TO-BASICS BRAIDS
기본으로 돌아가기–땋은 머리

이 스타일은
머리를 땋을 때마다 조금씩
머리카락을 더해서 땋아
와일드 하게 보인다.
이 머리는 발랄한 소녀의 느낌을 준다.

1 머리를 샴푸한 후 말린다. 머리 옆쪽에 가르마를 타고 이마 쪽에서 머리를 모아 잡는다.

2 이 부분을 세 갈래로 나누고 땋기 시작한다.

3 머리 옆쪽으로 계속 땋는다. 이 때, 머리를 땋을 때마다 한 갈래씩 더 더해서 땋아주도록 한다.

4 한 갈래씩 더 더해줄 때마다 잘 빗어서 모양이 통일 되도록 해준다. 귀밑까지 계속 땋아준다.

5 머리를 두 부분으로 나누어 남은 머리를 더해서 계속 땋아주되 땋아지는 부분의 너비가 동일해야한다.

6 계속 머리를 더해주며 땋아주되 정수리 부분부터 이마 부분의 머리를 모두 더해서 땋아주어야 한다.

7 아래 머리를 땋을 때는 땋은 부분의 얇은 가닥을 빼서 느슨하게 해준다.

8 고무줄로 머리끝보다 몇 cm 위에서 묶어준다. 다른 한쪽 머리도 땋아주되 마찬가지로 이마 부분에서부터 시작한다.

9 다른 한쪽도 같은 과정으로 다루어준다.

10 두 번째로 땋은 머리도 고무줄로 묶어준다. 첫 번째로 땋은 머리로 옮겨서 머리끝을 잡은 채로 땋은 부분에서 몇 가닥씩 빼주어 느슨하게 만들어 준다. 그러나 땋은 머리에서 머리가닥이 빠지지 않도록 해야 한다.

11 머리를 땋기 시작한 부분까지 동일한 과정을 반복해준다.

12 손가락으로 땋은 후 남은 머리끝을 거꾸로 빗어준다.

13 반대쪽 땋은 머리도 같은 과정을 반복해 준다.

14 땋은 머리의 시작 부분까지 해준다.

15 필요하다면 보비 핀을 이용해 머리에 꽂아 고정한다.

CURLS AND WAVES

32

CURLS AND WAVES
컬과 웨이브

이 스타일은
머리에 컬을 최대한 많이 넣어 연출했다.
앞모습은 잘 정돈된 모습이며
뒷모습은 곱슬머리가
자유자재로 흐트러진 모습이다.

1 머리를 샴푸한 후 수건으로 말려준다. 수분 크림을 손에 덜어 골고루 발라준다.

2 액상 젤을 사용해 원래 컬이 최대한 유지될 수 있도록 한다.

3 손에 먼저 젤을 덜고 머리 전체에 골고루 발라 준다.

4 컬을 더 단단히 해주기 위해 머리 부분 부분을 잡아주고 꼬아준다.

5 머리를 앞과 뒤로 나눠주되 앞부분은 이마에서부터 머리 쪽 너비가 약 6cm 정도 되도록 한다. 앞에 머리는 풀어 놓은 채로 그대로 남겨두고 뒷부분은 하나로 모아 클립으로 고정해 놓는다.

6 앞쪽 머리에 액상 젤을 발라주고 머리 한쪽 뒤로 넘겨준다.

7 앞쪽 머리 한쪽으로 가르마를 깊게 타주고 이마를 거쳐 반대쪽으로 넘긴 뒤 클립으로 고정한다.

8 넘긴 머리에 작은 웨이브 모양을 만들고 클립으로 고정한다.

9 얼굴 밑쪽까지 같은 과정을 반복해 웨이브를 만들고 각 웨이브마다 클립으로 고정한다.

10 원하는 대로 웨이브를 만들고 클립으로 고정한다.

11 디퓨저로 말려 웨이브를 고정하고 뒤에 고정해 놓은 머리를 풀어준다.

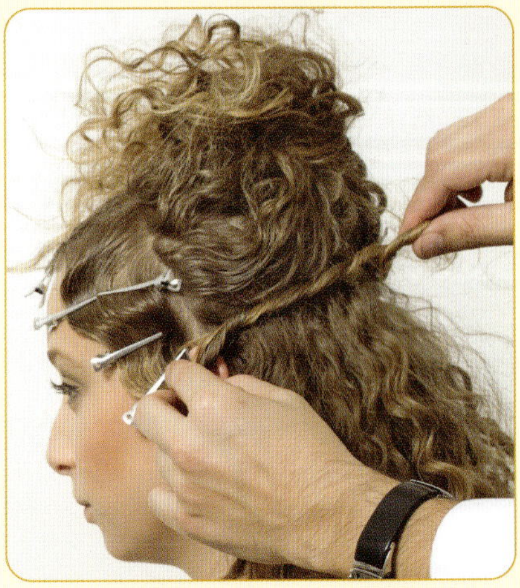

12 뒤에 남겨 놓은 부분으로 이동한다. 한쪽 귀 위에서 머리 몇 가닥을 잡고 뿌리부터 끝까지 단단하게 꼬아준다. 보비 핀으로 꼬아 놓은 머리를 정수리 부분에서 고정한다.

13 뒤에 남은 머리를 모두 모아준다.

14 모아준 머리는 자연스럽게 보일 수 있도록 몇 부분으로 나누어 작은 고무줄로 묶어준다. 스타일 완성을 위해 몇몇 긴 머리카락들을 옆, 뒤로 잡아 당겨 느슨하게 만들어 준다.

SWIRLING SIREN

33

SWIRLING SIREN
매혹적으로 말아 올린 머리

이 말아 올린 머리는
뒤에서 보면 많은 컬이 들어가 있는 것이
특징이다.
특유의 로맨틱한 분위기 덕분에
많은 헐리웃 배우들에게
사랑받는 스타일이다.

1 머리를 샴푸한 후 말린다. 정수리 부분에서 머리를 몇 부분으로 나누고 작은 고데기로 말아준다.

2 머리를 계속 말아주되 머리 위부터 이마 아래 방향 순으로 말아준다.

3 머리 한쪽을 목덜미 부분까지 계속 말아준 뒤 다른 반대편을 말아준다. 그 다음 홀딩 스프레이를 뿌려준다.

4 손으로 머리 뒤쪽의 컬 중 하나를 잡아 풀어주고 부드럽게 빗어준다.

5 손가락으로 컬을 말아주고 웨이브 모양이 되도록 만든 뒤 끝을 보비 핀으로 고정시킨다.

6 머리 뒤쪽의 모든 컬을 같은 과정으로 반복해준다.

7 볼륨을 더 넣고 싶다면 뿌리 부분을 거꾸로 빗어주되 컬이 손상되지 않도록 주의한다.

8 머리 앞쪽으로 이동해 이마 주변의 컬도 풀어준다. 컬을 뒤로 넘기고 보비 핀으로 고정시킨다.

9 머리 앞쪽 전체를 같은 과정으로 반복하되 앞에서 봤을 때 풍성해 보일 수 있도록 웨이브를 고정시켜준다.

10 머리 옆도 동일한 과정으로 손질한다.

11 머리의 모든 컬이 고정될 때까지 반복한다.

12 클립을 사용해 원하는 대로 머리를 손질한 뒤 홀딩 스프레이를 뿌려준다.

13 앞머리는 최대한 높여준다. 필요하다면 보비 핀을 더 사용하도록 한다.

14 머리를 정리한 다음 홀딩 스프레이를 뿌려 스타일을 완성한다.

ASYMMETRICAL ELEGANCE

34

ASYMMETRICAL ELEGANCE
비대칭이 자아낸 우아함

1 머리를 샴푸한 후 말린다. 앞머리와 귀 바로 위쪽 머리는 남겨둔 채 앞쪽 머리를 모아주고 포니테일로 묶어준다.

2 귀 바로 위부터 남은 머리를 빗고 먼저 만들어 놓은 포니테일 아래로 모아준다.

3 포니테일로 묶은 머리는 위아래로 나누어 준다. 나눠준 아래쪽 머리는 위쪽 머리보다 세배 정도 더 두꺼워야 한다.

두 부분으로 나눠
크게 말아 올린 머리와
나무로 만든 액세서리는
전통의 미와 현대의 미를 동시에 보여준다.

4 머리 색깔과 어울리는 작은 스펀지를 고르고 넓은 부분에 있는 첫 번째 포니테일 끝과 합쳐준다.

5 포니테일로 스펀지를 머리 위쪽을 향해 단단하게 말아준다. 머리뿌리에 닿을 때까지 말아준 뒤 포니테일로 묶은 부분에서 보비 핀으로 고정한다.

6 스펀지가 안 보이도록 머리를 잘 정리한다.

7 스펀지 주변으로 머리를 단단하게 잘 말아주고 고리모양이 되도록 잘 꼬아준다. 그 다음 머리 위, 포니테일로 묶은 부분 주변을 고정한다.

8 보비 핀을 집어넣어 동그랗게 말린 머리 모양이 유지되도록 고정한다.

9 머리 색깔과 어울리는 또다른 작은 스펀지를 골라 밑에 묶어 놓은 포니테일 끝에 놓고 머리 안쪽으로 말아준다.

10 스펀지 주변에 머리가 단단하게 잘 말아졌는지 확인하고 고리 모양이 되도록 꼬아준다.

11 포니테일로 묶은 머리 부분에 동그랗게 말아 놓은 머리를 고정한다.

12 말아 놓은 머리 안에 보비 핀을 집어넣어 모양이 흐트러지지 않도록 고정한다.

13 보비 핀으로 남은 머리를 말아 놓은 머리 안에 잘 집어넣어 고정한다. 앞머리는 어느 방향으로든지 옆으로 잘 빗어 넘긴다.

14 홀딩 스프레이를 뿌리고 두 개의 두꺼운 블랙 막대를 사용해 스타일을 완성한다.

ROMANTIC SIDE SWEEP

35

ROMANTIC SIDE SWEEP
로맨틱하게 옆으로 넘긴 머리

1 머리를 샴푸한 후 말린다.

2 중간 크기의 고데기로 머리를 말아주되 목덜미 부분부터 시작해 이마 쪽으로 옮겨 가며 컬을 넣어준다.

3 말아줄 때마다 10초씩 고데기로 잡고 있고 홀딩 스프레이를 뿌려준다.

이 스타일은
머리 한쪽에 부드럽게 컬을 넣어 연출하였다.
이 로맨틱한 스타일은
1940년대 유행했던 머리 장식에서
영감을 얻은 것으로서
어떤 상황이든지 폭넓게 잘 어울린다.

4 컬마다 보비 핀을 꽂아 컬이 잘 고정될 수 있도록 한다.

5 가능하면 머리 뿌리까지 말아서 볼륨감과 컬이 최대한 살려질 수 있도록 한다.

6 앞머리에도 컬을 넣어 얼굴과 앞머리 사이에 공간이 생길 수 있도록 한다.

7 컬이 다 고정되었으면 보비 핀을 빼고 손가락으로 자연스럽게 풀어준 뒤 홀딩 스프레이를 뿌린다.

8 앞머리를 한쪽 방향으로 잘 빗어준다.

9 앞머리를 두 갈래로 나눈 다음 함께 번갈아 가며 꼬아준다.

10 꼬아 놓은 앞머리를 머리 뒤쪽으로 넘겨 정수리 부분에 고정한다.

11 나머지 머리를 부드럽게 빗어준다.

12 말아 놓은 머리를 빗어주면 1940년대 유행했던 머리처럼 보일 것이다.

13 홀딩 스프레이를 15cm 정도 떨어진 곳에서 뿌려준다.

14 보석이 달린 액세서리를 사용해 스타일을 완성한다.

CRIMPED UPDO

36

CRIMPED UPDO
말아 올린 아이론 컬

이 스타일은
아이론 컬과 큰 스펀지를 사용해
화려하고 우아함과 펑키를
동시에 표현한다.

1 머리를 샴푸한 후 무스를 바른 뒤 말린다. 아이론 고데기로 아이론 컬을 만들되 뿌리부터 시작해 머리끝까지 컬을 만들어 준다. 컬을 잘 내고 싶다면 각 5초씩 잡고 있도록 한다.

2 머리 색깔과 어울리는 길고 넓은 스펀지를 고른다.

3 스펀지를 링 모양으로 만들고 머리 정수리 부분에 고정한다.

4 스펀지가 단단히 고정될 수 있도록 보비 핀을 꽂는다.

5 스펀지가 이 스타일의 가장 기본이 된다는 것을 잊지 않도록 한다.

6 스펀지 아래 머리를 위로 올려 스펀지를 덮는다. 머리 앞쪽의 귀 윗부분부터 시작한다.

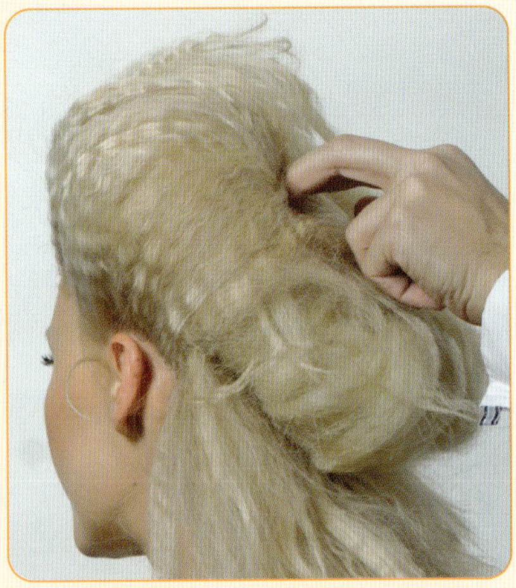

7 보비 핀으로 머리 중심부에 고정한다.

8 링 모양대로 계속 머리를 위로 올려 머리 중심부에 고정한다. 빗보다는 손가락을 사용하는 것이 컬을 손상하지 않는다.

9 머리 라인을 따라 같은 과정을 반복한다.

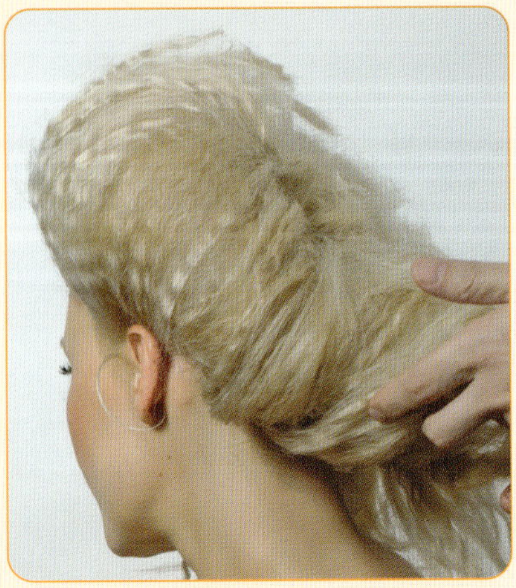

10 목덜미 부분의 머리도 마찬가지로 위로 올리고 홀딩 스프레이를 뿌려 준다.

11 스펀지 위로 머리를 잘 펼쳐 스펀지가 보이지 않도록 한다.

12 전체적으로 머리가 고정 될 때까지 반복한다.

13 필요하다면 보비 핀을 사용해 고정한다.

14 손으로 모양을 잘 잡고 홀딩 스프레이를 뿌려 스타일을 고정한다.

SCHOOLGIRL ELEGANCE

37

SCHOOLGIRL ELEGANCE
여학생의 아름다움

이 스타일은
소녀 같은 앞머리와
높게 말아 올린 머리의 우아함이
조화를 이루고 있는 것이 특징이다.
앞머리는 눈매를 강조해주며
올린 머리는 목선을 드러내
여성스러움을 드러낸다.

1 머리를 샴푸한 후 말린다. 앞머리는 앞으로 내려 빗고 나머지 머리는 높게 포니테일로 묶어준다.

2 머리를 빗어주면서 스프레이를 15cm 정도 떨어진 곳에서 뿌려준다.

3 머리 색깔과 어울리는 붙임 머리를 골라 포니테일로 묶은 부분에 보비 핀을 사용해 고정한다.

4 머리와 붙임 머리가 자연스럽게 조화를 이룰 수 있도록 빗어주고 가볍게 홀딩 스프레이를 뿌려준다.

5 모아 놓은 머리에서 아래 부분을 따로 분리시키고 포니테일로 묶고 남은 머리를 거꾸로 빗어준다.

6 포니테일을 꼬아서 두껍게 말아 올린다.

7 클립으로 말아 올린 포니테일을 고정한다.

8 보비 핀으로 꼬아 올린 머리를 단단히 고정한다.

9 아래 남겨 놓은 머리를 두 갈래로 나눈다.

10 함께 두꺼운 밧줄 모양으로 꼬아준다.

11 머리 끝까지 잘 꼬아준다.

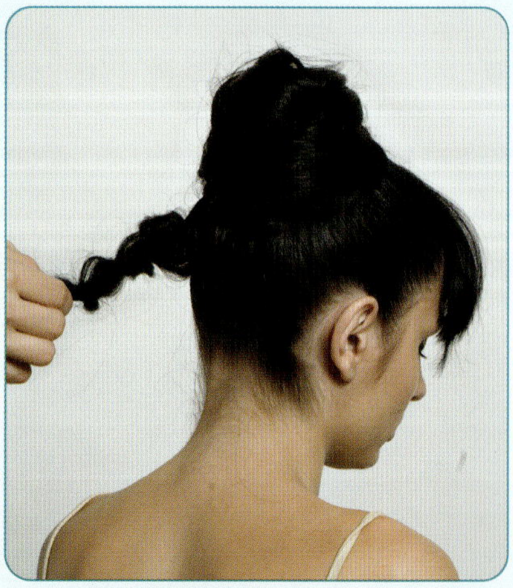

12 꼬아 놓은 머리가 자연스럽게 보일 수 있도록 뿌리 쪽으로 밀어 올려준다.

13 먼저 말아 올린 머리 주변을 감싼다.

14 보비 핀으로 고정하고 약 15cm 정도 떨어진 곳에서 홀딩 스프레이를 뿌려준다.

WRAPPED WITH A RIBBON

38

WRAPPED WITH A RIBBON
리본과 함께 말아 올린 머리

아이보리 컬러 리본을 사용한
이 스타일은
마치 예쁘게 포장된 선물처럼 보인다.
리본을 기분, 의상, 행사의 종류에
맞춰 고를 수 있다.

1 머리를 샴푸한 후 말린다. 머리끝을 잡고 위로 빗어준다.

2 머리를 높게 포니테일로 묶어준다.

3 고무줄로 포니테일을 묶는다.

4 포니테일로 묶은 부분에 약 50cm정도 되는 리본을 묶는다.

5 리본을 묶을 때는 한쪽이 다른 쪽보다 두 배 정도 길어야 한다.

6 머리를 세 갈래로 나눈다.

7 리본을 머리 한 갈래와 함께 합쳐 머리를 땋는다.

8 머리끝까지 땋아주고, 땋은 부분의 리본이 말아올려지기에 여유있는 상태가 되도록 한다.

9 고무줄로 땋은 머리를 묶는다.

10 땋은 머리를 밑에서부터 위로 말아준다.

11 땋은 머리를 머리 위쪽으로 먼저 감싸 올린 뒤 옆으로 돌리고 아래로 넘겨 말린 머리가 되도록 한다. 보비 핀으로 말아 올린 머리를 고정한다.

12, 13 리본 끝을 나비 모양으로 묶어서 스타일을 완성한다.

SWEPT AWAY

39

SWEPT AWAY
뒤로 뻗친 머리

1 머리를 샴푸한 후 말린다.

2 귀 뒤에서부터 머리 뒤쪽 라인을 따라 가르마를 탄 후 위쪽으로 올린 뒤 클립으로 고정해 놓는다.

3 귀 바로 뒤부터 머리 중심 부분까지 남은 머리를 빗어준다.

이 스타일은
화려하고 대담하다.
화사한 색의 헤어밴드와
눈에 띄는 귀걸이가
발랄하고 힘차보이게 한다.

4 머리끝을 잡아 접어 올린 다음 보비 핀으로 고정한다.

5 왼쪽 귀 뒤쪽머리를 머리 중심부 쪽을 향해 빗어준 다음 접어 올려 홀딩 스프레이를 뿌려준다.

6 머리 뒤에서 머리끝을 거꾸로 빗어 볼륨감을 준다.

7 머리끝을 꼬아서 위로 올려 바나나 모양을 만든 후 보비 핀이 꽂혀있는 라인을 가리고 정수리 부분에 고정한다.

8 머리 앞에 꽂아 놓았던 클립을 빼고 거꾸로 빗어주어 볼륨감을 넣는다.

9 머리 앞에 헤어밴드를 씌운다. 첫 번째와 잘 어울리는 다른 색의 헤어밴드를 골라 씌운다. 이 헤어밴드는 이 스타일의 서로 다른 두 가지 면을 잘 대비시켜 주어 멋스러움을 자아낸다.

10 머리 색깔과 어울리는 스펀지를 고르고 동그랗게 말아준다.

11 스펀지를 머리 정수리 부분에 보비 핀으로 고정한다.

12 원래 머리가 스펀지를 가릴 수 있도록 빗어준다.

13 그 중 머리 몇 가닥을 보비 핀으로 스펀지에 고정한다.

14 홀딩 스프레이를 뿌리고 손가락으로 세워져 있는 머리끝의 모양을 잘 잡아주어 스타일을 완성한다.

TEXTURED TWIST

40

TEXTURED TWIST
꼬아 올린 머리

1 머리를 샴푸한 후 말린다. 머리 정수리 쪽에 가르마를 타서 앞부분을 남겨 놓고 뒷머리는 포니테일로 묶어준다.

2 위쪽 머리는 세 부분으로 나눠준 후 양 옆의 머리를 포니테일 쪽으로 빗어준다. 가운데 머리는 클립으로 고정해 놓는다.

3 양 옆의 머리에 홀딩 스프레이를 뿌리고 포니테일과 하나로 합친다.

발랄한 분위기의 이 스타일은 머리 몇 갈래를 꼬아 위로 올려 목을 드러내고 얼굴 주변을 깨끗하고 부드럽게 보이도록 한다. 우아한 핀을 꽂아 아름다움을 더했다.

4 포니테일에서 머리 몇 가닥을 잡고 꼬아준다.

5 꼬아놓은 머리끝을 잡은 상태에서 다른 손가락으로 머리끝에서 뿌리쪽으로 느슨하게 빗어준다.

6 클립을 벌린 상태에서 꼬아놓은 머리끝을 몇 번 감싸준 뒤 클립을 오므린다. 포니테일로 묶은 머리 중에서 다른 몇 가닥을 잡아 같은 과정을 반복한다.

7 꼬아 놓은 머리는 포니테일로 묶은 부분 근처에 고정한다.

8 머리 전체를 몇 가닥씩 나눠 계속 꼬아주고 거꾸로 빗어준 후 말아 올려 고정한다.

9 포니테일로 묶은 부분에 클립으로 꼬아놓은 머리끝을 고정한다.

10 포니테일 머리 전체를 같은 과정으로 반복해준다.

11 머리 앞에 꽂아놓은 클립을 빼고 뒤로 빗어 넘겨준다.

12 뒤로 넘긴 머리를 두 갈래로 나누고 뒤로 넘기면서 꼬아준다.

13 꼬아 놓은 머리끝을 잡고 손가락으로 부드럽게 거꾸로 빗어주어 느슨하게 한다.

14 포니테일 위로 꼬아 놓은 머리를 고정한다. 좀 더 캐주얼하게 보이고 싶다면 말아 올린 머리를 조금 잡아 당겨준 후 홀딩 스프레이를 뿌려 고정한다.

HIGH WAVES

41

HIGH WAVES
높게 말아 올린 웨이브 머리

이 스타일은 강렬하지만
동시에 부드러운 느낌도 준다.
부드러워 보이는 머리와
위쪽 웨이브 머리가 대조되어
화려함을 더한다.

1 머리를 샴푸한 후 말리면서 웨이브로 만든다.

2 머리를 이마 부분부터 목까지 세 부분으로 나누고 뒷머리를 하나로 합쳐 높게 포니테일로 묶어준다.

3 한쪽 귀 위 머리에 홀딩 스프레이를 뿌리고 뒤로 빗어준다.

4 머리를 빗을 때는 최대한 부드럽게 머리에 딱 붙게 빗어주고 포니테일 밑에 헤어핀을 사용하여 고정한다.

5 머리 반대편도 동일한 과정으로 손질해준다.

6 머리 뒤에서 양 옆으로 나눈 머리를 하나로 합쳐 위로 빗어준다.

7 수직으로 머리를 꼬아 올려주고 헤어핀을 위에서 아래로 수직으로 꽂아 고정한다.

8 정수리 부분에서 포니테일로 묶은 부분 주위를 감싸 말아준다.

9 머리 위에 남겨 놓았던 머리는 약 1.5cm 너비로 나눠주고 각 나눈 부분을 거꾸로 빗어준다.

10 머리를 뒤로 접어주고 보비 핀을 끝에서 뿌리 쪽을 향해 꽂아 고정한다.

11 각 나눈 부분을 접어서 고정한 후 홀딩 스프레이를 뿌려준다.

12 머리를 계속 뒤로 접어 고정하며 손질하고 보비 핀으로 포니테일 있는 부분 쪽에 고정해 놓는다.

13 포니테일을 머리 위쪽에 같은 방식으로 올려준 뒤 보비 핀으로 고정한다.

14 머리 윗부분을 손으로 잘 정돈해 옆면과 뒷면의 깔끔함과 대비되어 캐주얼해 보일 수 있도록 손질하고 홀딩 스프레이를 뿌린다.

CASUAL ELEGANCE

42

CASUAL ELEGANCE
우아함을 풍기는 캐주얼한 스타일

1 머리를 샴푸한 후 말린다. 왁스를 손에 조금 덜어 비벼준 뒤 머리 골고루 발라준다.

2 반드시 왁스를 머리 전체에 발라주어 원하는 스타일의 높이로 표현할 수 있도록 한다.

사연스럽게 머리 한쪽으로
늘어뜨린 앞머리는
우아한 느낌에
캐주얼한 이미지를 더해준다.
나머지 머리는
크고 느슨하게 고리로 접어
머리 위쪽에서 한데 모아
아치 모양으로 다시 모아준다.

3 한쪽 머리를 포니테일로 높게 묶어준다.

4 포니테일로 묶은 머리의 끝을 잡고 뿌리까지 거꾸로 빗어준다.

5 포니테일이 자연스럽고 풍성한 볼륨감을 가질 수 있도록 거꾸로 빗어주면서 같은 과정을 반복한다.

6 머리 색깔과 어울리는 긴 붙임 머리를 고른다.

7 보비 핀으로 포니테일로 묶은 부분에 붙임 머리를 고정한다.

8 손으로 붙임 머리를 하나로 모으고 머리 위에 가지런히 올린다.

9 올린 정도가 마음에 들면 보비 핀으로 고정한다.

10 다시 잘 정돈하되 얼굴형에 어울리도록 손질한다.

11 필요하다면 보비 핀을 더 꽂아 머리가 자리를 잘 잡을 수 있도록 한다.

12 남은 머리를 자연스럽게 하나로 모아준다.

13 아까 모아 올려준 머리에서 몇 가닥을 빼 목 뒤로 자연스럽게 늘어뜨린다.

14 홀딩 스프레이를 뿌려준다.

ELEGANT OVERSIZED BUN

43

ELEGANT OVERSIZED BUN
우아한 느낌의 말아 올린 머리

깔끔하고 심플한 이 스타일은
크게 머리를 말아 올리고
부드럽게 마무리 지어 연출했다.
원래 머리가 너무 짧아
말아 올릴 수 없다면
포니테일 머리로 만들고
붙임 머리를 사용할 수 있다.

1 머리를 샴푸한 후 말린다. 정수리 부분부터 각 귀 위쪽까지 가르마를 타고 그 아래 머리를 포니테일로 묶는다.

2 위에 남겨 놓은 머리를 세 부분으로 나누고 각 부분마다 클립으로 고정한다.

3 중간 부분의 머리는 말아 올려 머리 위에 고정한다. 오른쪽 머리는 왼쪽으로 빗어 넘기고 홀딩 스프레이를 뿌린 뒤 포니테일 머리와 합친다.

4 정수리 위에 포니테일을 접어 올리고 그 상태에서 머리 위에 양 옆을 고정한다.

5 머리 색깔과 어울리는 스펀지를 고른 뒤 둥근 직사각형으로 만든다. 그런 다음 보비 핀으로 포니테일로 묶은 부분 바로 아래에 고정한다.

6 스펀지 위로 포니테일을 빗어 덮어준다.

7 포니테일을 두 갈래로 나누고 스펀지 양 옆으로 동일한 양이 되도록 덮어 준다.

8 스펀지 위 한 갈래를 빗어준 뒤 스펀지 아래 및 목 근처에 보비 핀으로 고정시킨다.

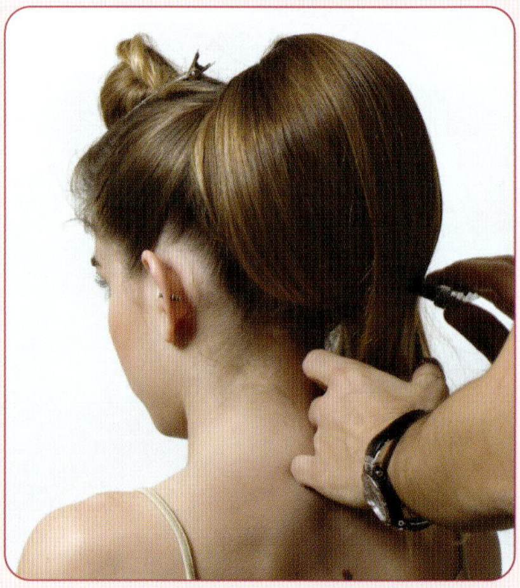

9 다른 한 갈래도 마찬가지로 같은 과정을 반복한 다음 홀딩 스프레이를 뿌려준다.

10 머리 끝을 잘 모아 스펀지 아래에서 보비 핀으로 고정시킨다.

11 머리 끝 부분이 포니테일 밑에 잘 넣어져 있는지 확인한다.

12 머리 앞부분에 말아 놓은 머리를 풀고 뒤로 빗어 넘겨준다.

13 스펀지 근처 부분에 보비 핀으로 고정한다.

14 앞에서부터 스펀지 위로 머리를 펼쳐 올리고 머리끝을 스펀지 바로 아래쪽에 고정한다. 홀딩 스프레이를 뿌려 스타일을 완성한다.

SWIRLED TO ONE SIDE

44

SWIRLED TO ONE SIDE
머리 한쪽으로 말아 올리기

1 머리를 샴푸한 후 말린다.

2 머리 한쪽으로 가르마를 타고 반대로 넘겨 거꾸로 빗어주고 머리 색깔과 어울리는 긴 붙임 머리를 고른다.

3 뿌리 위에 붙임 머리를 고정한다.

이 화려한 헤어스타일은
머리 한쪽으로만 풍성하게 말아 올려
목을 드러내
매혹적인 분위기를 연출한다.

4 머리 몇 가닥을 붙임 머리가 연결된 곳 위로 넘긴다.

5 연결된 곳을 가리기 위해 고정한다.

6 양쪽 귀 위부터 정수리까지 가르마를 타고 남은 머리를 모아준다.

7 옆으로 접어서 올려주고 머리 뿌리 안으로 집어넣는다. 보비 핀으로 고정하고 머리카락이 밖으로 빠져나오지 않도록 한다.

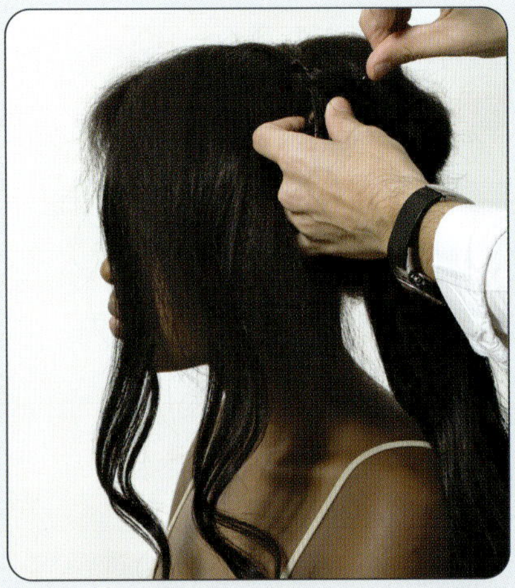

8 먼저 붙여 놓았던 붙임 머리 쪽의 가르마 위에 새로운 긴 붙임 머리를 붙여준다.

9 처음 붙여 놓았던 붙임 머리를 잘 빗어 주고 귀 뒤로 집어 넣는다.

10 보비 핀으로 붙임 머리를 고정시킨다.

11 붙임 머리의 끝을 잘 잡고 거꾸로 빗어 볼륨감을 준다.

12 붙임 머리 전체를 같은 과정으로 손질한다.

13 붙임 머리를 하나로 모아 올려 느슨하고 헐렁하게 말아 준다.

14 붙임 머리 끝부분을 머릿속으로 집어 넣어주고 보비 핀으로 고정한다. 홀딩 스프레이를 뿌려 마무리 짓는다.

CLASSIC WAVES

45

CLASSIC WAVES
클래식한 웨이브

이 스타일은
풍성하고 고풍스러워 보이는
웨이브를 말아 올린 머리이다.
1920년대 헐리웃 스타를 연상시키며
묘한 매력이 느껴진다.

1 머리를 샴푸한 후 말린다. 머리를 약 2.5cm 정도 씩 나눈 다음 중간 크기 고데기로 말아 느슨한 고리모양의 컬이 되도록 한다.

2 목 뒷부분에 있는 컬의 끝을 잡고 뿌리까지 거꾸로 빗어준다.

3 작은 머리 망을 사용해 거꾸로 빗은 머리를 돌돌 말아 넣어준다. 머리 망은 원래 머리 색깔과 잘 맞춰 자연스럽게 보일 수 있도록 한다.

4 머리 중간 부분의 컬을 잡고 뿌리까지 빗어준다. 거꾸로 빗은 머리는 돌돌 말아 올려준다.

5 말아 올린 부분을 다른 머리 망 안에 넣어주고 헤어핀으로 고정한다.

6 앞쪽 머리는 뒤로 잘 빗어 넘겨 첫 번째로 말아 올려준 부분 근처에 보비 핀으로 고정한다.

7 머리 앞쪽의 다른 부분도 마찬가지로 잘 빗어 첫 번째 말아 올린 머리 쪽에 고정한다.

8 이마 근처의 머리는 거꾸로 빗어주고 뒤로 넘긴다. 이 때 높은 웨이브 모양이 되도록 하며 클립으로 정수리 부분 위에 고정한다.

9 모양을 잘 잡아주기 위해 홀딩 스프레이를 뿌린다. 머리를 고정할 때는 클립을 빼고 보비 핀을 사용한다.

10 앞머리를 뒤로 넘겨 정수리 부분 위에서 빗어준 다음 두 번째 말아 올린 머리 부분 근처에 고정한다. 다른 머리들 역시 높게 웨이브 모양이 되도록 뒤로 넘긴다. 앞부분의 나머지 머리도 뒤로 넘겨주되 높게 웨이브 모양으로 만들고 뒤쪽 각 말아 올린 머리에 고정한다.

11 뒤로 넘긴 부분에 홀딩 스프레이를 뿌려 고정한다. 각 부분이 부드럽게 웨이브를 모양이 되도록 잘 빗어준다.

12 머리 라인을 따라 같은 방식으로 다루어주고 부분마다 원하는 만큼 웨이브를 넣거나 말아 올린다.

13 모든 부분을 확실히 잘 고정해놓고 홀딩 스프레이를 뿌린다.

14 필요한 만큼 보비 핀이나 헤어핀을 더 사용하고 홀딩 스프레이를 뿌린다. 머리가 고정이 되면 클립을 뺀다.

WRAPPED AND BRAIDED BUN

46

WRAPPED AND BRAIDED BUN
땋은 머리로 말아 올린 머리

몇 개의 붙임 머리를 길게 땋은 후 크게 말아 올린 스타일이다. 리본의 적절한 사용은 화사함을 더해준다.

1 머리를 샴푸한 후 말린다. 양쪽의 귀 위쪽부터 정수리 부분까지 가르마를 타준다. 그리고 뒤에 남은 머리는 포니테일로 묶어준다.

2 머리 색깔과 일치하는 스펀지를 고르고 동그란 모양을 만든다.

3 포니테일 머리를 앞으로 가져오고 머리 뒤쪽에 스펀지를 갖다 댄다. 포니테일 아래 부분에 놓고 보비 핀으로 고정한다.

4 포니테일 머리를 뒤로 넘겨 스펀지 위를 다 덮을 수 있도록 한다.

5 포니테일 머리를 두 갈래로 나누고 한 갈래를 스펀지 위로 빗어준다. 보비 핀으로 스펀지 아래에 고정해 놓고 홀딩 스프레이를 뿌린다.

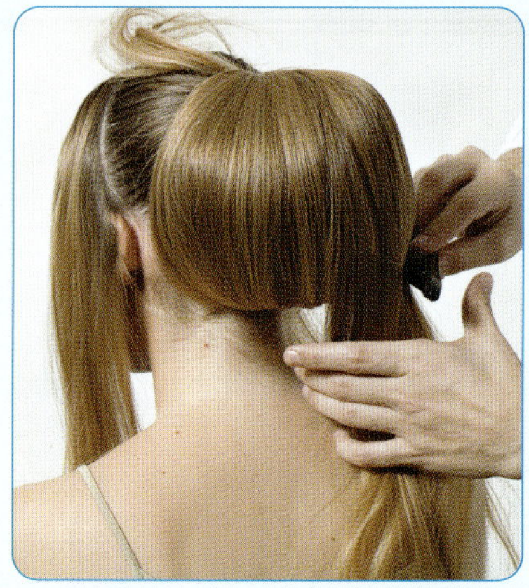

6 다른 갈래들 역시 빗어서 스펀지 위를 덮도록 하되 머리 몇 가닥을 남겨두어 나중에 땋을 수 있도록 한다. 보비 핀으로 스펀지 아래로 집어넣은 머리를 고정한다.

7 홀딩 스프레이를 머리 전체에 뿌려 고정한다.

8 앞쪽 머리는 잘 빗어 뒤로 넘기고 땋으려고 남겨 놓은 머리와 합쳐 같이 땋는다.

9 땋은 머리를 위로 올려 말아 올린 머리 한쪽 면에 놓이게 하고 위를 보비 핀으로 고정한다.

10 머리 색깔과 일치하는 붙임 머리를 고른다. 붙임 머리를 땋고 포니테일 밑 부분, 앞쪽 가까이에 보비 핀으로 고정한다. 땋은 붙임 머리는 말아 올린 머리 위로 가져와 목덜미 있는 부분에서 보비 핀으로 고정한다.

11 머리 색깔과 잘 어울리는 붙임 머리를 고르고 두 갈래로 나눈다. 길고 무늬가 들어간 리본을 붙임 머리 중간에 묶어 리본 길이가 양 옆으로 같아질 수 있도록 한다.

12 두 갈래로 나눈 붙임 머리와 묶은 리본의 한쪽을 사용해 두껍게 땋은 머리를 만들되 리본의 다른 한 쪽을 그대로 남겨둔다.

13 말아 올린 머리 위에 땋은 붙임 머리를 놓고 한쪽 방향, 목 아래 부분으로 감싼 뒤 보비 핀으로 말아 올린 머리 아래에 고정한다.

14 풀려 있는 리본을 돌돌 말아 올린 머리 주변을 감싸고 목덜미 있는 부분에서 고정한다.